Tanya Sango

Gestão de resíduos sólidos

Tanya Sango

Gestão de resíduos sólidos

ScienciaScripts

Imprint
Any brand names and product names mentioned in this book are subject to trademark, brand or patent protection and are trademarks or registered trademarks of their respective holders. The use of brand names, product names, common names, trade names, product descriptions etc. even without a particular marking in this work is in no way to be construed to mean that such names may be regarded as unrestricted in respect of trademark and brand protection legislation and could thus be used by anyone.

Cover image: www.ingimage.com

This book is a translation from the original published under ISBN 978-613-8-60703-8.

Publisher:
Sciencia Scripts
is a trademark of
Dodo Books Indian Ocean Ltd. and OmniScriptum S.R.L publishing group

120 High Road, East Finchley, London, N2 9ED, United Kingdom
Str. Armeneasca 28/1, office 1, Chisinau MD-2012, Republic of Moldova, Europe
Printed at: see last page
ISBN: 978-620-7-42233-3

RESUMO

Os resíduos gerados pelas actividades diárias das pessoas e acumulados nas lixeiras omnipresentes, ilegais e não regulamentadas perto das casas são um problema nas povoações informais. Se não forem recolhidos e eliminados corretamente, constituem uma ameaça para a saúde pública e o ambiente. A qualidade de vida e as condições de vida das pessoas que já sofrem privações por viverem em aglomerados informais são ainda mais afectadas. Os serviços de resíduos prestados pelas autoridades locais são geralmente inadequados nos aglomerados informais. Muitas comunidades lutam para fornecer até mesmo os serviços mais básicos de contenção de resíduos sólidos nessas áreas devido à falta de infra-estruturas e de financiamento.

O objetivo deste estudo foi determinar a eficácia do atual sistema de gestão de resíduos sólidos na melhoria das condições de vida nas povoações informais do Município de eThekwini. A teoria do funcionalismo, a teoria do neoliberalismo e a teoria do planeamento comunicativo forneceram a base teórica para o estudo e permitiram compreender o papel dos diferentes intervenientes na gestão dos resíduos sólidos nas povoações informais.

Para o estudo, foram utilizados métodos de investigação qualitativa que consistem em entrevistas e observação participante. Verificou-se que os residentes dos aglomerados populacionais informais não podem pagar e não estão dispostos a pagar pela eliminação dos resíduos. O estudo concluiu que o principal obstáculo a uma gestão eficaz dos resíduos urbanos e a condições de vida saudáveis nas povoações informais é a falta de vontade política e de responsabilização dos intervenientes na gestão dos resíduos e a exclusão destas povoações da prestação de serviços formais de saneamento básico. Outro fator crucial é a atitude predominante em relação à gestão dos resíduos sólidos. Para mudar esta atitude, os membros da comunidade têm de ser informados sobre os perigos que uma gestão inadequada dos resíduos representa para o bem-estar humano e ambiental. A participação e as parcerias fortes entre os diferentes intervenientes provaram ser parte da solução para este problema e devem ser encorajadas para uma gestão eficaz dos resíduos nas povoações informais.

Lista de acrónimos e abreviaturas

2

ACP-EC	African, Caribbean and Pacific Group of States – European Communities
AIDS	Acquired Immune Deficiency Syndrome
DEA	Department of Environmental Affairs
DSW	Durban Solid Waste
HIV	Human Immuno-deficiency Virus
KZN	KwaZulu-Natal
MSWM	Municipal Solid Waste Management
NGO	Non-governmental Organization
NUSP	National Upgrading Support Programme
NWMS	National Waste Management Strategy
SWM	Solid Waste Management
UN	United Nations
UNCHS	United Nations Centre for Human Settlements
WEDC	Water, Engineering and Development Centre
WHO	World Health Organization

CAPÍTULO 1 INTRODUÇÃO

Antecedentes

Este estudo surgiu do interesse do pesquisador em assentamentos humanos sustentáveis, particularmente assentamentos informais, e possíveis intervenções que poderiam melhorar o padrão de vida e a qualidade de vida dos membros da comunidade. O estudo baseou-se no pressuposto de que a Gestão Municipal de Resíduos Sólidos (GMSR) não melhorou o saneamento nas povoações informais. O objetivo do estudo era, portanto, avaliar a eficácia da GMSF, centrando-se nos agregados familiares das povoações informais. Os problemas associados à gestão dos resíduos sólidos nestes aglomerados devem-se aos intervenientes domésticos que tendem a negligenciar a gestão dos seus próprios resíduos, bem como ao facto de o município não controlar, gerir e eliminar eficazmente os resíduos sólidos nestes aglomerados. Os agregados familiares devem garantir que os resíduos domésticos são acondicionados e eliminados de forma adequada, ou seja, recolhidos e armazenados num saco de plástico e colocados num contentor designado para a recolha a granel pelo município. Este é o primeiro passo importante para garantir que os resíduos são canalizados para os pontos de recolha adequados. Quando os resíduos são eliminados de forma irresponsável e esporádica, é muito difícil para o governo local assegurar e facilitar a limpeza das muitas lixeiras não regulamentadas que são criadas em resultado disso.

A deposição ilegal de resíduos nas proximidades de estradas de acesso, caminhos, fontes de água e espaços habitacionais é generalizada nos aglomerados informais e afecta as condições de vida saudáveis. A visão das autoridades locais de criar melhores condições de vida, promovendo o bem-estar da comunidade e a integridade ambiental, é prejudicada pela falta de capacidade financeira e de soluções inovadoras para a gestão dos resíduos sólidos nas povoações informais. Por conseguinte, este estudo procurou compreender as ligações entre as povoações informais e a gestão eficaz dos resíduos sólidos urbanos. Cada um dos factores acima mencionados é discutido em maior detalhe nos capítulos seguintes.

O aumento da urbanização devido à migração rural-urbana levou à proliferação de aglomerados informais, que são frequentemente "caracterizados por (residentes) com perfis de baixo rendimento que vivem em condições de pobreza extrema e sem recursos financeiros e infra-estruturas urbanas para satisfazer as suas necessidades básicas" (Mels, 2009:110). A falta de habitação a preços acessíveis nos centros das cidades leva as pessoas a viver em aglomerados informais perto dos locais de trabalho. Embora a habitação nestas zonas seja mais acessível, elas caracterizam-se por condições de vida desfavoráveis. As grandes quantidades de resíduos domésticos aí produzidos são difíceis de gerir pelos municípios devido à inacessibilidade dos aglomerados informais. Para além das limitações físicas causadas pela densidade e falta de planeamento dos aglomerados, as infra-estruturas como estradas, esgotos e instalações sanitárias são inadequadas. Esta situação é ainda agravada pela atitude das pessoas em relação ao lixo. Uma vez que a administração da cidade não fornece quaisquer instalações de eliminação de resíduos viáveis, os residentes deitam o lixo fora indiscriminadamente (Schubeler et al., 1996:241). Isto leva a uma proliferação de vermes e vectores de doenças com consequências devastadoras para a saúde.

Definição do problema

Os sistemas de gestão de resíduos sólidos sobrecarregados e ineficazes, combinados com o rápido crescimento da população, estão a causar problemas nos aglomerados informais, especialmente nas comunidades urbanas dos países em desenvolvimento. Mull (2005:132) explica este facto,

"O desfasamento resultante entre os actuais sistemas de gestão de resíduos sólidos e a necessidade crescente de expandir as instalações de recolha e eliminação conduziu a uma acumulação de resíduos sólidos no ambiente urbano, criando condições inestéticas e insalubres.

Os resíduos sólidos domésticos e urbanos encontram-se em áreas abertas dentro e à volta dos aglomerados informais. Os resíduos estão a descoberto e espalhados. São deixados nos montes durante longos períodos de tempo, o que provoca odores desagradáveis e condições pouco higiénicas que propagam doenças. Nos aglomerados informais, os resíduos sólidos são depositados em lixeiras a céu aberto, canais e atrás das cabanas, porque o equipamento para a eliminação dos resíduos sólidos é inadequado ou a recolha pelo prestador de serviços responsável está atrasada.

A urbanização rápida, que conduz à degradação ambiental, constitui um desafio importante para o governo sul-africano. A abolição do apartheid significou que as pessoas são agora livres de escolher onde querem viver e trabalhar (Collins, 2001). Atraídos pela perspetiva de melhores perspectivas de emprego, muitos desempregados deslocaram-se do campo para as cidades (Collins, 2001).

No entanto, a falta de habitação adequada e a preços acessíveis obrigou-os a construir e a viver em aglomerados informais em terrenos não urbanizados para os quais não existia uma posse formal.

Durban é uma das cidades mais importantes da província de KwaZulu-Natal (KZN) e um centro de desenvolvimento. A cidade está a debater-se com uma urbanização rápida. A quantidade de resíduos depositados nos assentamentos informais da cidade representa uma séria ameaça à saúde humana e ambiental (Antwi, 2008: 18). Além disso, o crescimento descontrolado destes aglomerados torna a gestão dos resíduos um grande desafio.

Na maioria dos casos, as comunidades pobres que vivem em aglomerados informais são deixadas sozinhas com o problema. A falta de conhecimentos sobre gestão de resíduos e um nível insuficiente de responsabilidade por parte da comunidade e dos prestadores de serviços leva à eliminação indiscriminada de resíduos, criando ambientes anti-higiénicos e inestéticos em muitas partes destes aglomerados. Enquanto a recolha e a eliminação de resíduos funcionam eficazmente nos subúrbios mais ricos, as zonas onde vivem os pobres são negligenciadas. "Isto significa que é necessária uma abordagem global da gestão dos resíduos por parte das instituições competentes, que seja eficiente tanto para as zonas ricas como para as zonas pobres e que tenha em conta os factores contextuais das zonas ricas e pobres" (Antwi, 2008: 16).

Objectivos da investigação

O principal objetivo do estudo foi avaliar a eficácia das actuais medidas de gestão de resíduos sólidos urbanos nos aglomerados informais do município de eThekwini para determinar se podem influenciar positivamente as condições de vida nesses aglomerados. Os quatro sub-objectivos seguintes surgiram do objetivo principal e serviram para concentrar a investigação em elementos geríveis e obter resultados mensuráveis:

   a) Identificar o papel do Município de eThekwini e dos residentes na gestão dos resíduos sólidos nas povoações informais.
   b) Analisar as disposições da Estratégia Nacional de Gestão de Resíduos (NWMS) no que diz respeito à gestão de resíduos em aglomerados informais como referência para as práticas actuais de gestão de resíduos.

c) Determinar se os assentamentos informais no município de eThekwini cumprem os princípios da gestão sustentável de resíduos.

d) Investigação dos aspectos de saúde da gestão de resíduos sólidos em assentamentos informais.

Questões de investigação

A principal questão a ser respondida por esta investigação era: Qual a eficácia da gestão dos resíduos sólidos urbanos nos aglomerados informais do município de eThekwini? Isto levou às seguintes sub-perguntas:

a) Como são tratados os resíduos sólidos nos aglomerados informais?

b) Quem são os actores/intervenientes mais importantes na gestão de resíduos em aglomerados informais?

c) As práticas actuais em matéria de resíduos sólidos nos aglomerados informais estão em conformidade com o NWMS?

d) O que significa uma gestão sustentável dos resíduos?

e) Quais são os impactos na saúde das práticas de gestão de resíduos nos aglomerados informais?

f) O que pensam os residentes e o município de eThekwini sobre a gestão dos resíduos sólidos?

Justificação do estudo

Squires (2006:104) afirma que as pessoas dependem do consumo de recursos materiais para a sua subsistência e existência geral. Em última análise, isto leva ao desperdício. À medida que a prosperidade socioeconómica melhora nos países em desenvolvimento, a quantidade de resíduos gerados também aumenta. medida que as populações crescem e os aglomerados populacionais se expandem, são essenciais sistemas eficazes e eficientes de gestão de resíduos sólidos (SGRS). De acordo com a Cities Alliance (2006: 4), uma das cinco dimensões fundamentais para melhorar as povoações informais é o acesso ao saneamento, que é um serviço básico fundamental para a vida humana.

Como parte do compromisso da África do Sul de corrigir os erros do passado e criar cidades solidárias e inclusivas, uma forma de resolver o problema da expansão dos aglomerados informais é reconhecê-los, aceitá-los e melhorá-los. As condições de vida precárias que caracterizam estes aglomerados devem-se a muitos factores, tais como localizações inadequadas, infra-estruturas e habitações inadequadas e densidades populacionais descontroladas e insalubres. Além disso, os resíduos sólidos produzidos nestes aglomerados são eliminados de forma insustentável e ineficaz. A eliminação ineficaz dos resíduos põe em risco a saúde da população, uma vez que as lixeiras não controladas podem albergar cada vez mais parasitas que propagam doenças. Para melhorar as condições de vida nos aglomerados informais, são necessários recursos consideráveis, nomeadamente para a eliminação dos resíduos e a limpeza regular destas zonas, que constituem uma parte essencial da gestão sustentável dos resíduos.

A gestão dos resíduos sólidos na África do Sul é principalmente da responsabilidade do governo local. A Secção 156(1)(a) da Constituição sul-africana atribui a responsabilidade pela recolha de resíduos, aterros, eliminação de resíduos sólidos e limpeza ao governo local (Local Government Budgets and Expenditure Review, 2011: 176). Os municípios dependem do governo local para a gestão de resíduos sólidos, mas as povoações informais não são adequadamente servidas pelos sistemas de gestão de resíduos municipais. Por conseguinte, coloca-se a questão de saber até que ponto o governo local pode ser responsabilizado pelas condições de vida insalubres nos aglomerados informais por não ter conseguido assegurar uma gestão eficaz dos resíduos nestas áreas.

Os governos locais são obrigados a fornecer um determinado nível de serviço nas suas jurisdições, sujeito a directrizes e modelos nacionais e provinciais. Também se pode argumentar que os membros da comunidade têm a responsabilidade de gerir eficazmente os seus resíduos sólidos. Este estudo, portanto, procurou encontrar soluções para a gestão eficaz de resíduos em assentamentos informais. O assentamento informal de Cato Crest foi escolhido como um estudo de caso para mostrar como a falta de estratégias adequadas de gestão de resíduos sólidos, que são essenciais para conter as quantidades crescentes de resíduos na área, afecta as condições de vida.

As pessoas que vivem em aglomerados informais são as principais vítimas de uma prestação de serviços inadequada. São marginalizadas porque vivem em aglomerados informais, e ainda mais marginalizadas porque estes aglomerados não têm o apoio necessário para coexistirem confortavelmente com o sector residencial formal.

Os elevados níveis de deposição de lixo e de despejo descontrolado de resíduos urbanos observados nos aglomerados informais exigem uma investigação mais aprofundada sobre esta questão. Mesmo nos casos em que os municípios estão ativamente envolvidos na contenção de resíduos sólidos, algumas comunidades não recebem manutenção regular. A eficácia das medidas actuais é, portanto, questionável. O controlo da poluição e uma melhor gestão dos resíduos são necessários para minimizar os riscos para a saúde humana e ambiental. As condições de vida nos aglomerados informais poderiam ser significativamente melhoradas se fossem tomadas medidas para monitorizar e controlar a produção e a eliminação de resíduos sólidos.

Estrutura da dissertação

O primeiro capítulo introduz o estudo descrevendo o estado atual dos aglomerados populacionais informais na África do Sul e os factores que contribuem para uma má gestão dos resíduos. Delineia os objectivos da investigação e as questões que serão utilizadas para determinar a eficácia da gestão dos resíduos sólidos urbanos nas povoações informais.

O segundo capítulo apresenta o quadro concetual e teórico do estudo, bem como uma panorâmica da literatura relevante. São discutidos os conceitos de resíduos e gestão de resíduos e a terminologia associada. A gestão municipal de resíduos e os aglomerados informais são definidos como variáveis dependentes, enquanto o governo local é rotulado como uma variável independente. Este capítulo também discute como a gestão sustentável de resíduos em aglomerados informais pode ser uma solução intermédia importante para melhorar as condições de vida, uma vez que existe uma procura reprimida de habitação adequada. A revisão da literatura inclui um estudo de caso da gestão de resíduos em Arppukara Grama Panchayat no distrito de Kottayam, Kerala (Índia) e retira lições das melhores práticas actuais.

O capítulo três examina os aglomerados informais no contexto sul-africano e apresenta uma panorâmica das condições existentes nessas zonas. Mostra como o crescimento explosivo dos aglomerados informais contribuiu para o problema da eliminação de resíduos. São discutidas a legislação e as políticas relacionadas com a gestão dos resíduos sólidos, bem como as várias partes interessadas.

O capítulo 4 apresenta a metodologia de investigação utilizada para realizar este estudo. Descreve a abordagem qualitativa escolhida para atingir os objectivos da investigação. Para a recolha de dados, foi utilizado um estudo de caso, observação não participante, entrevistas semi-estruturadas com os principais interessados e um questionário. *O capítulo cinco* trata da área de estudo, o assentamento informal de Cato Crest. São apresentados os antecedentes históricos, as características socioeconómicas dos residentes e a gestão de resíduos no aglomerado. As causas percebidas da crise dos resíduos em Cato Crest são discutidas a partir de diferentes perspectivas. Os dados recolhidos no local são apresentados e analisados. Os resultados são discutidos em termos dos temas, categorias, padrões e relações que surgiram. As semelhanças e diferenças entre os vários conjuntos de dados são analisadas e interpretadas. *O sexto capítulo* resume os resultados, as conclusões e as recomendações sobre a gestão sustentável dos resíduos e o papel do governo local no apoio a esses esforços que podem levar a uma melhoria dos meios de subsistência nos aglomerados informais. São propostas estratégias de gestão de resíduos do topo para a base e da base para o topo que poderiam melhorar as condições actuais no aglomerado informal de Cato Crest. Finalmente, são feitas sugestões para investigação futura.

Resumo

Este capítulo apresenta os antecedentes do estudo de investigação e o contexto do estudo. Dá ênfase à definição do problema, que fornece uma descrição precisa das questões a abordar. Os objectivos do estudo e a justificação do tema de investigação foram delineados. O capítulo termina com a estrutura da dissertação.

CAPÍTULO 2
QUADRO CONCEPTUAL E TEÓRICO
E REVISÃO DA LITERATURA

Introdução

Este capítulo discute várias teorias e conceitos relevantes para o estudo com o objetivo de compreender a gestão dos resíduos sólidos urbanos no contexto das povoações informais. Também analisa a literatura sobre os desafios da gestão de resíduos em assentamentos informais, a gestão sustentável de resíduos e o papel das partes interessadas relevantes para garantir uma gestão responsável de resíduos. Os regulamentos nacionais e municipais relativos aos resíduos são analisados para determinar o quadro jurídico da colónia informal de Cato Crest. Para efeitos desta investigação, é também importante compreender as definições de trabalho das variáveis utilizadas neste estudo. Isto irá definir os conceitos básicos e identificar os objectivos e princípios que motivam e orientam a gestão de resíduos sólidos urbanos. A teoria da participação dos cidadãos, o funcionalismo, o princípio do beneficiário e a capacidade de pagar são as três principais teorias subjacentes a este estudo.

O funcionalismo, o neoliberalismo e a teoria comunicativa do planeamento caracterizam o pensamento sobre os aglomerados sustentáveis e habitáveis. O neoliberalismo deu origem ao conceito de beneficiário e de capacidade de pagamento. A participação dos cidadãos também surgiu do neoliberalismo. Estas teorias e conceitos são analisados para compreender o papel dos diferentes intervenientes na gestão dos resíduos sólidos nas povoações informais.

Quadro concetual

Definição de resíduos sólidos (RS)

A Lei Nacional de Gestão Ambiental de Resíduos (n.º 59 de 2008) (DEAT, 2008: 32) define resíduos como "qualquer substância, quer essa substância possa ou não ser reduzida, reutilizada, reciclada e recuperada, que é excedente, indesejada, rejeitada, descartada, abandonada ou eliminada" (DEAT. 2008: 32). Os resíduos sólidos são resíduos gerados pela atividade humana. Consistem em objectos do quotidiano que são deitados fora. Para efeitos do presente estudo, os resíduos sólidos são definidos como resíduos produzidos a nível doméstico. Os resíduos (também designados por lixo) produzidos nos agregados familiares incluem muitos dos objectos enumerados na Tabela 1 abaixo. Os resíduos sólidos também incluem as lamas de excrementos humanos. Os resíduos urbanos incluem principalmente os resíduos domésticos recolhidos em nome das autoridades locais.

Quadro 1 Exemplos de resíduos sólidos (lixo)

Waste category	Waste example
Household (domestic) waste	Empty glass/plastic bottles, food packaging, newspapers and magazines, yard trimmings, compost, disposables, clothing, aluminum cans, books, cardboard, cooking oil, furniture, glass

(DEAT. 2008: 32)

O princípio do beneficiário e da solvabilidade

O princípio do beneficiário é um método de fixação de preços baseado na ideia de que a afetação mais eficiente dos recursos ocorre quando os consumidores pagam o preço total pelos bens ou serviços que consomem (Hanke, 2013:98). A gestão dos resíduos urbanos pode ser optimizada se os residentes dos aglomerados informais pagarem pelos serviços prestados. Este não tem necessariamente de ser o valor comercial do serviço. Em contraste, o princípio da capacidade de pagar afirma que aqueles com melhores recursos financeiros devem suportar uma maior parte dos encargos dos serviços públicos (Hanke, 2013:99). Ambos os princípios podem ser aplicados no contexto dos aglomerados populacionais informais.

O princípio do poluidor-pagador é geralmente aplicado na gestão dos resíduos. As autoridades locais estão autorizadas a cobrar aos residentes e aos proprietários de resíduos uma taxa que cubra a totalidade dos custos, uma vez que tal promove a responsabilidade do produtor. Os produtores de resíduos devem pagar pela reutilização, reciclagem ou eliminação ambientalmente correcta dos resíduos. No que respeita aos aglomerados informais, o princípio do poluidor-pagador pode ser um instrumento para promover serviços de gestão de resíduos sólidos eficientes. A eficiência é alcançada quando a procura excessiva do serviço é reduzida, uma vez que o beneficiário tem em conta o custo do serviço. Estudos demonstraram que o custo real do serviço leva a uma utilização mais económica (Dafflon, 1998:129) e evita-se o comportamento dependente (free riders).

No entanto, este princípio levanta questões de equidade. Poder-se-á argumentar que não é justo esperar que os beneficiários paguem os serviços se a sua situação financeira não lho permitir. A capacidade de pagamento deve, por conseguinte, ser igualmente tida em conta. Um contra-argumento é que se os beneficiários pagarem, isso gera receitas que poderiam ser utilizadas para fins redistributivos (Dafflon & Daguet, 2012:159).

A abordagem neoliberal defendida pelo Banco Mundial surgiu no início da década de 1970. Muitas das suas ideias foram retiradas da abordagem de autoajuda de Turner. A teoria surgiu num esforço para substituir a prestação incomportável e ineficaz de serviços básicos pelos governos, que dependia fortemente de subsídios. O Banco defendia que o papel do Estado deveria ser o de facilitar a prestação de serviços e não o de os prestar diretamente. Por conseguinte, incentivou as práticas de autoajuda (Pugh, 1991: 275-276) e os programas que tinham em conta a acessibilidade, a recuperação dos custos e a possibilidade de reprodução.

Neste sentido, as infra-estruturas e os serviços devem ser acessíveis aos pobres. Os serviços não devem basear-se em normas de conceção, mas devem ser orientados para os limites orçamentais dos potenciais beneficiários (Banco Mundial, 1973). A recuperação dos custos atraiu os economistas ortodoxos que defendiam o princípio do utilizador-pagador. Por outras palavras, esperava-se que os beneficiários pagassem pelos serviços que lhes eram prestados (Banco Mundial, 1973). Isto aboliu os subsídios governamentais, que eram vistos como esmolas. A variável "replicabilidade" centra-se na capacidade de repetir projectos e práticas semelhantes. Está relacionada com a acessibilidade e a recuperação de custos, num esforço para eliminar as condições insalubres nos aglomerados informais (Banco Mundial, 1973).

O conceito de participação dos cidadãos

A participação dos cidadãos é um princípio fundamental da democracia que visa capacitar os membros da comunidade para participarem nas decisões que os afectam. Cogan e Sharpe (1986:284) afirmam que promove a cooperação e a confiança entre as autoridades locais e o público, o que tem um impacto positivo no processo de planeamento. A participação do público promoveria a gestão sustentável dos resíduos ao garantir que os sistemas de gestão de resíduos fossem adoptados e aplicados de forma proactiva pelas comunidades locais.

O capítulo 21 da Agenda 21 sublinha a necessidade de uma gestão de resíduos ambientalmente correcta. O princípio 10 da Declaração adoptada na Conferência das Nações Unidas sobre Ambiente e Desenvolvimento, realizada no Rio de Janeiro em Janeiro de 1992, afirma: *"As questões ambientais são mais bem tratadas com a participação de todos os cidadãos interessados a um nível relevante. A nível nacional, todos os indivíduos devem ter acesso adequado às informações sobre o ambiente na posse das autoridades públicas, incluindo informações sobre substâncias e actividades perigosas nas suas comunidades, e a oportunidade de participar nos processos de tomada de decisões. Os Estados devem facilitar e incentivar a consciencialização e a participação do público, tornando a informação amplamente disponível. Deve ser assegurado o acesso efetivo aos procedimentos judiciais e administrativos, incluindo recursos e vias de recurso.*

É importante que os cidadãos estejam envolvidos na gestão de resíduos, uma vez que todas as pessoas geram resíduos que podem ser perigosos para as pessoas e para o ambiente se não forem geridos corretamente (Squires, 2006:87). A gestão eficaz e eficiente dos resíduos sólidos urbanos requer, por conseguinte, a participação de todas as partes interessadas.

Além disso, a gestão de resíduos sólidos pode proporcionar oportunidades de emprego que contribuem para a redução da pobreza. Os residentes informados e educados envolvidos na tomada de decisões são capacitados e a sua dignidade é restaurada. A propriedade e a gestão totais do saneamento pelo governo local não são a abordagem mais eficiente; o sector privado e os membros da comunidade devem ser envolvidos na resolução de problemas ambientais nos aglomerados informais. Uma abordagem holística e de colaboração não só minimiza os custos e as responsabilidades das autoridades locais, mas também promove a responsabilização e a apropriação do saneamento nas respectivas áreas.

Quadro teórico

Neoliberalismo

A teoria do neoliberalismo defende que o controlo direto dos factores económicos deve ser assumido pelo sector público. Baseia-se na economia neoclássica e defende a redução das despesas públicas e dos subsídios sociais. A abordagem neoliberal da prestação de serviços afirma que as necessidades humanas básicas devem ser adquiridas através do capital próprio e de outros recursos internos, como as poupanças próprias e o trabalho efectuado pelos beneficiários (Pugh, 1991: 278-280). Por conseguinte, incentiva a autoajuda e as iniciativas de prestação de serviços de base.

A teoria do liberalismo foi desenvolvida por John Turner. Surgiu numa tentativa de substituir a provisão incomportável e ineficiente de habitação e serviços básicos pelos governos, que era altamente dependente de subsídios. O neoliberalismo defende que o Estado deve desempenhar um papel de apoio e não um papel fundamental na prestação de serviços. Assim, criaria um ambiente favorável em que os utilizadores são responsáveis pelas suas próprias necessidades básicas.

Turner sublinhou que o "capital suado", a conceção e a gestão pelo proprietário são características importantes da habitação de autoajuda (Harris, 2001: 248). Ele argumentou que a prestação de serviços deve ser vista como um verbo e não como um substantivo; a ação inicial é realizada pelo utilizador como parte de um processo. Isto explica por que razão a autoajuda é um elemento-chave de uma prestação de serviços eficaz. Está diretamente relacionada com as necessidades e requisitos pessoais que são únicos em cada comunidade. Turner acreditava que os melhores resultados são alcançados por um utilizador que tem controlo total sobre a conceção, construção e gestão da sua própria casa (Turner, 1972: 158). Turner (1972) também sublinhou a necessidade de permitir que os principais intervenientes na habitação de autoajuda desempenhem os seus respectivos papéis. Os utilizadores devem ter controlo sobre a prestação de serviços, uma vez que isso incentiva a participação na melhoria e manutenção do seu próprio ambiente. O princípio do beneficiário e a "capacidade de pagamento" têm origem no neoliberalismo. Para manter um nível de vida decente, 30% do rendimento deve ser gasto em habitação e serviços.

A teoria do planeamento (prática) cooperativo e da ação comunicativa
Neste contexto, é necessário um entendimento comum entre todos os intervenientes (comunidade e governo local) para promover um saneamento eficaz nas povoações informais. O planeamento colaborativo é mais poderoso do que outros modelos de planeamento quando se trata de melhorar as relações e o conhecimento das partes interessadas (Gunton et al., 2008: 7). Jürgen Habermas (1984) afirma que a ação comunicativa é auto-reflexiva e aberta a uma troca em que os actores podem beneficiar dos outros e de si próprios, reflectindo sobre as suas premissas e recorrendo aos seus conhecimentos. A ação comunicativa baseia-se neste processo deliberativo em que duas ou mais pessoas trabalham em conjunto e facilitam uma atividade com base numa compreensão partilhada das circunstâncias.

Funcionalismo
Nos países em desenvolvimento, tanto o sector privado como o público estão activos no saneamento. Nos últimos anos, o sector privado tem sido encorajado a envolver-se e estão a ser feitos esforços para ligar formalmente os operadores públicos e privados (Anderson e Taylor, 2009:78). Estas ligações poderiam promover a eficiência em todo o sector e criar novas oportunidades de emprego. O funcionalismo sublinha a interdependência das estruturas e instituições de uma sociedade e a necessidade de estas interagirem para sobreviverem num mundo em mudança (Ahmeda e Ali, 2004:97). Os economistas também observam que as organizações que reúnem os sectores público e privado têm um grande potencial. Estas organizações híbridas combinam a eficiência e o conhecimento do mundo empresarial com o interesse público, a responsabilidade e o planeamento governamental. Criam um equilíbrio entre os papéis dos sectores público e privado (Ahmeda e Ali, 2004:156).

A cooperação entre os sectores público e privado tem um grande potencial para melhorar o saneamento. No entanto, é de notar que essas parcerias, se não forem cuidadosamente estruturadas, podem levar a uma maior desorganização e corrupção no sector. A conceção deve incluir incentivos adequados para ambos os sectores (Ahmeda e Ali, 2004:156; Anderson e Taylor, 2009:78). Esta disposição permitiria que os residentes dos aglomerados informais desempenhassem um papel significativo no cuidado do seu ambiente e ganhassem a vida no processo. Por seu lado, o sector privado beneficiaria ao empregar mão de obra acessível e de fácil acesso. Desta forma, a colaboração entre organizações poderia melhorar a vida de milhões de pessoas vulneráveis e marginalizadas nas povoações informais, tanto como utilizadores como prestadores do serviço.

Revisão da literatura
Os resíduos sólidos não geridos são um problema global que deve ser abordado a nível internacional. A urbanização sem precedentes conduziu a um aumento maciço da produção de resíduos. A população mundial atingiu a marca dos 7 mil milhões em 2011, com mais de metade a viver em zonas urbanas (Adeniyi et al., 2012). Os seres humanos

geram mais de 1,6 mil milhões de toneladas de resíduos sólidos todos os anos; à medida que a nossa população cresce, cresce também a nossa capacidade de produzir resíduos (Ahmed e Ali, 2006). Cada vez mais pessoas compram os seus bens em vez de os produzirem, o que resulta em mais resíduos. Embora as escolhas dos agregados familiares determinem a quantidade de resíduos produzidos, o crescimento da população urbana conduz a mais resíduos urbanos. A má gestão dos resíduos sólidos tem várias consequências ambientais e sociais, incluindo doenças transmitidas pela água, degradação e poluição ambiental e a perda de recursos naturais essenciais. Devido à apropriação e distribuição desigual da gestão dos resíduos, estes problemas concentram-se em certas zonas onde a gestão dos resíduos não é considerada prioritária pelos municípios. Como afirmam Brunner e Fellner (2007), o principal objetivo da gestão de resíduos é assegurar tanto a prosperidade humana como a integridade do ambiente. Para tal, são necessárias práticas de gestão de resíduos eficazes, eficientes, económicas, fiáveis e equitativas, incluindo a disponibilização de contentores de recolha de resíduos adequados e em quantidade suficiente, a utilização correcta desses contentores pelos agregados familiares e técnicas adequadas de eliminação de resíduos sólidos.

Não existe uma estratégia única para uma gestão eficaz das águas residuais, uma vez que os países e os municípios enfrentam desafios diferentes. Por conseguinte, as diferentes abordagens podem variar em termos de viabilidade e eficácia. A dimensão dos recursos financeiros de um governo e a forma como utiliza esses recursos também determinam a eficácia da gestão dos resíduos. Os países industrializados e os países em desenvolvimento lidam com os resíduos sólidos de forma diferente (Poerbo, 1991). Enquanto os governos locais dos primeiros são normalmente capazes de fornecer água potável e saneamento eficiente, nos segundos os recursos podem ser afectados a questões consideradas mais "importantes" do que a gestão de resíduos (Henry et al., 2006).

Os países em desenvolvimento debatem-se frequentemente com dificuldades para assegurar uma gestão eficiente dos resíduos devido à falta de recursos financeiros e outros. Os elevados níveis de migração rural-urbana, a falta de manutenção, os serviços deficientes, a falta de subsídios e a falta de vontade política agravam a situação (Henry et al., 2006). Brunner e Fellner (2007) realizaram um estudo em três municípios urbanos de países com diferentes perfis financeiros para determinar de que forma a capacidade financeira (ou a falta dela) afecta a gestão dos resíduos. O estudo concluiu que, nas comunidades urbanas dos países em desenvolvimento, os recursos financeiros limitados disponíveis para a recolha e eliminação de resíduos prejudicam a eficácia deste serviço.**A Case Study of Arppukara Grama Panchayat of Kottayam District, Kerala (India)**

O volume e a complexidade crescentes dos resíduos no mundo moderno põem em risco o ambiente e o bem-estar humano. A má gestão dos resíduos - desde a recolha inadequada até à eliminação inadequada - polui o ar, a água e o solo. Os aterros sanitários a céu aberto e não higiénicos poluem a água potável e provocam doenças.

O Arppukara Grama Panchayat foi fundado em 1953. O aumento da população e o estilo de vida moderno colocaram grandes desafios à gestão dos resíduos sólidos urbanos. O estudo centrou-se no distrito 7, que sofre de poluição de resíduos. O panchayat cobre 2 quilómetros quadrados com uma população de 4.000 habitantes (registo de 1991). A eliminação não higiénica dos resíduos pelos agregados familiares conduziu à poluição ecológica. Os mosquitos e outros insectos estão disseminados e causam doenças. Por conseguinte, foi realizado um estudo para identificar os impactos sociais, económicos e ambientais da má gestão dos resíduos no Arppukara Grama Panchayat e para encontrar estratégias para melhorar a situação.

O carácter urbano e a cultura de consumo da cidade de Arppukara contribuem para o elevado volume de resíduos. Esta situação provoca doenças no panchayat, que se propagam às zonas vizinhas. A degradação ambiental e os problemas de saúde surgem devido à acumulação de resíduos numa zona fechada e densamente povoada. Um programa eficaz de gestão dos resíduos é, por conseguinte, essencial para melhorar a saúde pública e proteger o ambiente.

Durante a estação das monções, o solo à superfície é canalizado para o sistema de esgotos, provocando entupimentos. Os resíduos líquidos entopem os esgotos, provocando um odor desagradável e criando um viveiro de doenças. No caso do panchayat, os resíduos líquidos são mais nocivos do que os resíduos sólidos (Ashalakshmi1 & Arunachalam, 2010).

De acordo com Patel e Talat (1996), o problema dos resíduos em Arppukara Grama Panchayat deve-se a uma série de problemas sociais, tais como infra-estruturas e serviços inadequados e acesso desigual a esses serviços. Foram encontradas diferenças entre o centro da cidade e a periferia em termos de eliminação adequada dos resíduos. O rácio entre contentores de lixo e pontos de produção de resíduos era também muito mais elevado no centro da cidade.

O estado das estradas em Arppukara Grama Panchayat também pode ser atribuído às poucas instalações de eliminação de resíduos disponíveis para os peões e à frequência com que estas instalações são esvaziadas por semana. A maioria dos inquiridos em ambas as áreas afirmou que os resíduos tinham de ser eliminados com maior frequência porque transbordavam nos pontos de recolha, dando origem a lixo (Patel e Talat, 1996). A presença de lixo nas zonas periféricas pode dever-se ao facto de existirem menos pontos de recolha de resíduos nessas zonas. Por conseguinte, é possível que tenham de ser esvaziados com maior frequência.McLennan (2012) observa que a distribuição equitativa de infraestruturas e serviços é uma tarefa difícil, uma vez que muitas autoridades locais não têm capacidade financeira e outras para atingir este objetivo ou não estão dispostas a atribuir recursos. No entanto, numa pequena cidade como Arppukara Grama Panchayat, teria sido relativamente fácil para o município fornecer a todos os residentes serviços adequados de água, saneamento e gestão de resíduos.Os membros da comunidade são convidados a limpar a zona. Estão a ser tomadas várias medidas para melhorar a situação acima descrita. A limpeza anual dos esgotos e o tratamento das águas residuais foram introduzidos para eliminar os resíduos líquidos (Ashalakshmi1 & Arunachalam, 2010).

Atualmente, os resíduos sólidos domésticos são recolhidos e eliminados manualmente e as ruas são varridas. Os resíduos que são despejados em áreas abertas são removidos manualmente à noite. Embora não haja separação de resíduos, mais de 50 % do total de resíduos vendidos são recolhidos e eliminados. No entanto, o governo local sofre de insuficiente capacidade institucional e financeira, e há uma falta de locais adequados para a eliminação de resíduos na cidade. Estes factores são as principais razões para o baixo nível de recolha de resíduos (Ashalakshmi1 & Arunachalam, 2010).

O Município Panchayat e as Corporações são responsáveis pela varredura das ruas, pela limpeza dos mercados públicos e pela recolha e eliminação dos resíduos domésticos. Embora a recolha e a gestão dos resíduos sólidos sejam satisfatórias, a principal dificuldade reside na falta de terrenos adequados para a sua deposição e em infra-estruturas inadequadas para facilitar a recolha de resíduos (Ashalakshmi1 & Arunachalam, 2010).

O volume crescente de resíduos sólidos em todo o mundo está a colocar a sociedade perante problemas cada vez maiores. Muitas cidades estão a ter dificuldade em eliminar os volumes crescentes de resíduos. As áreas vizinhas adequadas para aterros estão relutantes em serem utilizadas como aterros e os locais adequados estão a tornar-se cada vez mais escassos. A incineração de resíduos polui o ar e a descarga de resíduos no mar contamina a vida marinha e polui as águas e as praias próximas. Além disso, a composição dos resíduos está a mudar, o que agrava o problema. Por exemplo, o plástico, que não é degradável e é altamente inflamável, constitui uma grande parte dos resíduos produzidos. O problema da eliminação dos resíduos sólidos não pode ser ignorado. Trata-se de um problema ambiental importante que é suscetível de se agravar se não for tratado de forma eficaz (Ashalakshmi1 & Arunachalam, 2010).

O crescimento económico conduz à urbanização e, consequentemente, a um aumento do volume de resíduos. A gestão correcta dos resíduos exige instalações sanitárias adequadas e a sensibilização do público. O público deve ser educado sobre a necessidade de eliminar os resíduos de forma higiénica. É motivo de grande preocupação o facto de, apesar das estratégias locais e globais de contenção, a quantidade de resíduos estar a aumentar constantemente, com graves implicações ambientais, financeiras e sociais (Ashalakshmi1 e Arunachalam, 2010).

Os resíduos tornaram-se assim uma das questões ambientais mais importantes que a humanidade enfrenta. Uma melhor compreensão dos efeitos indesejáveis dos resíduos nas pessoas e no ambiente colocou a gestão dos resíduos no topo da agenda ambiental. No entanto, o objetivo de um ambiente limpo exige uma gestão eficaz dos resíduos. Por conseguinte, as autarquias locais, rurais ou urbanas, estão a procurar as técnicas científicas mais adequadas para a gestão dos resíduos (Ashalakshmi1 e Arunachalam, 2010).

A eliminação dos resíduos sólidos é o aspeto mais visível da gestão de resíduos. As opções são cada vez mais limitadas. Os resíduos constituem uma ameaça para o ambiente e exigem uma gestão eficaz dos mesmos. Nenhum país está imune à poluição do ar e da água. Os problemas associados aos resíduos sólidos ocorrem em três fases: 1. recolha, 2. transporte e 3. eliminação. A recolha e o transporte estão interligados. O tipo de contentores em que os resíduos são armazenados antes do transporte, bem como o empilhamento/esvaziamento no veículo e o número de veículos são cruciais. A eliminação é uma questão muito mais difícil, uma vez que conduz à contaminação dos solos se forem depositados em aterros, à contaminação da água se forem descarregados nos oceanos e à contaminação do ar se forem incinerados (Ashalakshmi1 e Arunachalam, 2010).

Gestão de resíduos sólidos: Situação atual

A recolha de resíduos no panchayat está limitada à área municipal de 2 quilómetros quadrados. Os resíduos dos estabelecimentos comerciais e dos centros comunitários são armazenados atrás da plataforma de transporte do panchayat e recolhidos uma vez por semana. Atualmente, os resíduos domésticos não são recolhidos. Os resíduos são despejados nas bermas das estradas e, nalguns casos, parcialmente queimados (Ashalakshmi1 e Arunachalam, 2010). Não existe uma estação de tratamento de resíduos sólidos em Panchatyat. Os habitantes da cidade estão relutantes em instalar uma estação na sua localidade, enquanto os comerciantes são indiferentes ao programa. Isto deve-se à perceção de que a recolha e a eliminação dos resíduos são da exclusiva responsabilidade do panchayat (Ashalakshmi1 & Arunachalam, 2010).

No passado, a eliminação de resíduos na cidade era efectuada por habitantes locais. No entanto, estes retiraram-se devido aos baixos salários e o programa de gestão de resíduos da panchayat foi subcontratado a empresas privadas. Isto levou a que a recolha e a eliminação semanais de resíduos passassem a ser efectuadas pela empresa Municipal

Solid Waste (MSW). Foram obtidos excelentes resultados e a eficiência da recolha de resíduos aumentou em mais de 50%.A panchayat não dispõe de um aterro próprio para a eliminação dos resíduos sólidos. A agência privada recolhe os resíduos para vários aterros e deposita-os nas margens do rio e/ou noutras zonas remotas da vizinhança. Isto acontece entre as 23h e as 4h da manhã. A comunidade sofre muito com a poluição causada pelos resíduos podres despejados nas proximidades de suas casas. Este facto levou à formação de uma iniciativa de cidadãos para se oporem à deposição de resíduos na zona. A resposta da RSU foi despejar os resíduos num arrozal privado abandonado em Kumaranallor Panchayat, que está mais ou menos isolado. Esta solução provisória continua a suscitar protestos dos residentes do panchayat (Ashalakshmil & Arunachalam, 2010).Os resíduos recolhidos na cidade são normalmente recolhidos uma vez por dia em camiões abertos. Os colectores de resíduos carregam-nos manualmente da berma da estrada para os camiões. Tanto os resíduos orgânicos como os inorgânicos são recolhidos e levados para o mesmo aterro. Pouca atenção é dada às consequências higiénicas para os recolhedores e para o ambiente (Ashalakshmil & Arunachalam, 2010).A poluição ambiental grave é causada pela deposição e acumulação de resíduos em grandes pilhas ao ar livre. Os roedores multiplicam-se, os maus cheiros estão na ordem do dia e as lixeiras são um viveiro de moscas e larvas. A qualidade da água dos poços nas zonas próximas é também afetada pelos resíduos que se infiltram durante a estação das chuvas. Este facto deu origem a protestos dos habitantes que vivem perto das lixeiras (Ashalakshmil & Arunachalam, 2010).O estudo de caso mostrou que todas as partes interessadas tendem a despejar resíduos de forma descuidada nos espaços abertos da cidade. Revelou também que a comunidade não está satisfeita com o sistema de recolha de resíduos existente no panchayat. É necessário reduzir a queima de resíduos, especialmente de plásticos, cuja eliminação continua a ser um problema difícil (Ashalakshmil & Arunachalam, 2010).

Lições aprendidas

Esta secção destaca os principais pontos do estudo de caso e as lições aprendidas.

Disponibilidade para participar

É evidente que o envolvimento da comunidade na gestão dos resíduos é reduzido. Muitas comunidades acreditam que a recolha, o transporte e a eliminação dos resíduos são da exclusiva responsabilidade do município. A educação sobre os benefícios para a saúde e o ambiente de uma gestão eficiente dos resíduos promoveria a compreensão da ligação entre a recolha de resíduos e a melhoria da saúde (Meyer, 1993: 11). A realização de seminários comunitários com a participação de todos os grupos envolvidos na gestão de resíduos promoveria um sentimento de apropriação da recolha de resíduos.

Ligações à comunidade

É praticamente impossível manter os sistemas de recolha de resíduos se não existirem ligações sólidas entre o município e a população. Na maioria das cidades, os agregados familiares contribuem para os custos da recolha e da eliminação dos resíduos através de impostos municipais, uma vez que a recolha de resíduos é uma responsabilidade legal. Os sistemas de recolha municipais poderiam tornar-se parte das responsabilidades municipais se as ligações entre os municípios e as comunidades fossem tidas em conta na fase inicial dos sistemas. Deve ser adoptada legislação que defina claramente as tarefas, os deveres e as responsabilidades das várias partes envolvidas. Isto promoveria o funcionamento eficaz dos serviços e sistemas de gestão de resíduos sólidos urbanos a nível municipal.

Finanças

A recuperação dos custos e o acesso ao financiamento são importantes nos programas de recolha de resíduos urbanos e devem ser abordados não só a nível municipal, mas também a nível da cidade. Incentivar os colectores é uma solução possível. Esta poderia incluir artigos recicláveis fornecidos pelos agregados familiares ou receber uma percentagem das taxas cobradas. A cobrança de taxas deve ser confiada a membros reputados da comunidade e não a empresas de gestão de resíduos. Isto garantiria que os sistemas de recolha municipais pudessem cobrar taxas adequadas numa base regular. Toda a faturação deve ser transparente.

Capacidade das pessoas mais pobres para pagar o serviço

Vivendo em condições de extrema pobreza, alguns agregados familiares em zonas de baixos rendimentos têm uma capacidade e vontade muito limitadas de pagar pela recolha de resíduos. Uma solução possível é promover a cobrança diária ou semanal das iniciativas comunitárias de gestão de resíduos sólidos. Esta seria uma abordagem mais adequada em áreas de baixo rendimento, onde é menos provável que os salários sejam pagos regularmente no final do mês (Bartone & Bernstein, 1993). Nos aglomerados informais, a recolha de resíduos tem pouca prioridade em comparação com outras necessidades dos agregados familiares. Por isso, é importante abordar primeiro os problemas que não estão diretamente relacionados com a recolha de resíduos. As despesas com alimentação, vestuário, habitação, educação e eletricidade são prioridades mais elevadas. A confiança dos membros da comunidade será reforçada se eles se concentrarem nas outras actividades relacionadas com a sua saúde e bem-estar para sensibilizar para a recolha de resíduos. Mesmo que os custos não possam ser totalmente cobertos, os pagamentos simbólicos criam um sentimento de propriedade. Os resíduos também devem ser promovidos como uma potencial fonte de receitas. A criação de centros de recolha de resíduos recicláveis perto de aterros sanitários permitiria aos pobres eliminarem os seus próprios resíduos e também beneficiarem economicamente (Ali, Coad & Cotton, 1996). Poderiam também ser introduzidos programas que permitissem às comunidades com baixos rendimentos produzir e vender composto.

Equipamento

As iniciativas de recolha de resíduos primários requerem equipamento adequado para recolher, carregar e transportar os resíduos. Para uma recolha de resíduos eficiente, é importante utilizar equipamento acessível e adaptado à topografia da zona e às características dos resíduos.

Transferência e transporte de resíduos

Um sistema fiável de recolha primária de resíduos depende da conceção e localização dos pontos de transferência e do subsequente transporte pelo município para os vários locais de eliminação. A recolha secundária de resíduos atempada e regular é essencial para o funcionamento eficaz dos sistemas primários de recolha de resíduos (Furedy, 1992). Isto exige uma coordenação ativa e a aplicação de procedimentos por parte do município para melhorar as ligações entre a recolha primária e secundária.

Resumo

Este capítulo introduziu e discutiu os conceitos teóricos subjacentes a este estudo de investigação. Definiu a terminologia relacionada com os resíduos e a sua gestão. Foi analisada a literatura sobre a gestão dos resíduos sólidos urbanos no contexto dos aglomerados informais. Por último, foi apresentado um estudo de caso do Arppukara Grama Panchayat no distrito de Kottayam, Kerala (Índia) e discutidas as lições aprendidas.

O desenvolvimento dos aglomerados informais

Este capítulo centra-se nos aglomerados populacionais informais no contexto da África do Sul, desde o seu aparecimento até uma visão detalhada da sua situação. Examina como a proliferação de tais aglomerados contribuiu para os desafios do saneamento. Os aglomerados informais dentro e à volta das cidades surgiram como resposta à persistente falta de habitação na África do Sul. Os migrantes das zonas rurais mostraram iniciativa e engenho durante décadas, criando as suas próprias soluções e construindo, pelo menos, casas temporárias (Malinga, 2000). Por conseguinte, os aglomerados informais continuarão a existir enquanto persistir a falta de habitação a preços acessíveis.

De acordo com Malinga (2000), vários factores contribuíram para o rápido crescimento dos aglomerados populacionais informais na África do Sul desde a década de 1970. O aumento da migração rural-urbana levou a um número crescente de habitantes urbanos pobres cuja única opção era viver numa barraca. Estas zonas ficaram ainda mais saturadas com a construção de barracas nos quintais. Outros factores incluem o pressuposto de que o governo democrático não seria tão hostil aos assentamentos não autorizados como o regime do apartheid e que seria disponibilizada habitação aos sem-abrigo (Malinga, 2000). Assim, a construção de uma barraca é por vezes vista como uma forma de obter acesso a um local autorizado e a uma posse formal.

Impactos na saúde das actuais práticas de gestão de resíduos em aglomerados informais

Em muitas cidades da África Austral, 30-60% da população urbana vive em aglomerados informais (Hardoy et al., 2001: 143). Os aglomerados informais têm as seguintes características:
- Estão frequentemente sobrelotados e oferecem aos residentes um elevado grau de insegurança, bem como um alojamento precário ou informal.
- Não beneficiam da maioria dos serviços públicos, por exemplo, pavimentos, estradas, água e esgotos, limpeza das ruas, habitação normal e recolha de resíduos urbanos.
- São frequentemente esquecidos ou desiludidos pela administração da cidade.

A recolha e a eliminação dos resíduos sólidos domésticos nas povoações informais são, na sua maioria, ignoradas pelas autoridades municipais e pelos serviços públicos de recolha de resíduos (Freduah, 2004: 89).

A falta de saneamento seguro e adequado, especialmente para os resíduos sólidos, está associada a mortes por diarreia, doenças de pele e outras doenças infecciosas. Os riscos para a saúde associados a condições anti-higiénicas e a um saneamento ambiental deficiente em áreas poluídas na proximidade das cabanas são a maior ameaça nos aglomerados informais. A falta de instalações sanitárias deve-se ao elevado nível de pobreza. As lixeiras comunitárias não regulamentadas são utilizadas por várias famílias e têm uma manutenção deficiente devido à falta de recursos para a eliminação segura dos resíduos sólidos. A sobrelotação e a elevada densidade populacional dificultam a eliminação dos resíduos nas povoações informais devido à falta de vias de acesso adequadas.

A eliminação irregular dos resíduos conduz à propagação de doenças infecciosas. Os resíduos sólidos não recolhidos nas lixeiras municipais aumentam o risco de lesões e infecções. Em particular, o lixo doméstico orgânico representa uma séria ameaça, uma vez que fermenta, criando condições favoráveis à sobrevivência e ao crescimento de agentes patogénicos microbianos (EduGreen, 2014:85). A exposição ao calor e ao vento pode afetar a saúde humana, sendo as crianças particularmente vulneráveis. Os resíduos sólidos não recolhidos são perigosos, pois também podem impedir o escoamento da água da chuva, levando à formação de água estagnada, que é um terreno fértil para doenças. Há também o risco de contaminar um curso de água ou uma fonte de água subterrânea se os resíduos forem despejados perto de uma fonte de água.

Condições de vida saudáveis

Um local "habitável" pode ser definido como um local suficientemente confortável e limpo para que uma pessoa possa viver em segurança (HAP Housing, 2014:23). Embora sejam conhecidos pelas suas condições precárias, os assentamentos informais podem ser transformados em áreas habitáveis se os resíduos sólidos forem eliminados de forma higiénica. A acumulação de lixo e detritos, que podem ser fonte de alimento ou abrigo para roedores e animais nocivos e levar à propagação de doenças, põe em perigo a saúde. O local onde vivemos afecta a nossa saúde e as nossas possibilidades de levar uma vida produtiva. De acordo com a OMS (2014:43), as condições de vida quotidiana das pessoas têm uma forte influência na sua saúde. O acesso a habitação de qualidade, água potável e saneamento é um direito humano.

A gestão inadequada dos resíduos sólidos é um dos principais factores de risco que afectam a saúde e o bem-estar dos residentes em aglomerados informais onde não existem instalações comunitárias ou no local ou que não são funcionais (Hardoy, 2001:65). A má gestão e eliminação dos resíduos pode levar à poluição e favorecer a proliferação de insectos, roedores e necrófagos portadores de doenças, o que conduz a uma série de doenças. Estas podem contaminar os alimentos cultivados nos quintais, criando um novo hospedeiro humano suscetível. A poluição por fumo resulta da queima de resíduos ao ar livre, e os odores, as emissões gasosas e a poluição da água são causados pela acumulação de resíduos sólidos e por descargas não controladas. Isto prejudica as condições de vida saudáveis nos aglomerados informais.

Gestão dos resíduos sólidos urbanos (MSWM)

A gestão refere-se ao processo consistente de definição de objectivos, formulação de planos, conceção e execução de programas e projectos, e acompanhamento e avaliação dos progressos. Isto também inclui o controlo dos custos (Taboada-Gonzalez et al., 2001: 130). A Constituição da África do Sul (1996) estipula que o governo local deve fornecer serviços de saneamento satisfatórios a todos os sul-africanos. A legislação suplementar define mais pormenorizadamente as responsabilidades dos municípios. Espera-se que as autoridades locais trabalhem em conjunto com o sector privado e os municípios para cumprir estas responsabilidades.

A gestão dos resíduos sólidos urbanos inclui a acumulação, a troca, o tratamento, a reutilização, a recuperação de activos e a transferência de resíduos sólidos nas zonas urbanas. O termo abrange, por conseguinte, todos os aspectos da gestão de resíduos.

O principal objetivo da gestão de resíduos sólidos urbanos é assegurar o bem-estar da população urbana, especialmente nas zonas de baixos rendimentos que sofrem os efeitos negativos da má gestão de resíduos. Outros objectivos específicos da gestão de resíduos sólidos urbanos são (i) proteger a saúde ambiental, (ii) promover a qualidade do ambiente urbano, (iii) apoiar a eficiência e a produtividade da economia e (iv) gerar emprego e rendimentos (Taboada-Gonzalez et al., 2001: 131).

A consecução destes objectivos exige uma gestão de resíduos sólida e financeiramente viável em todas as áreas, incluindo aquelas onde vivem os pobres. Isto exige o empenhamento e a participação da comunidade (Hardoy, 2001: 211). O quadro de gestão de resíduos deve responder às condições e problemas específicos da cidade e da zona e trabalhar com todas as partes interessadas a nível local, provincial e nacional.

A gestão de resíduos engloba todo o ciclo de utilização dos materiais, o que inclui a produção, a circulação e a utilização de um produto, bem como a recolha, o transporte e a eliminação dos resíduos (Freduah, 2004: 231). Embora a recolha e eliminação eficiente e regular dos resíduos seja importante, deve também ser dada prioridade aos objectivos a longo prazo de redução e reutilização dos resíduos. A gestão eficaz dos resíduos não pode ser conseguida apenas pelo governo. A gestão sustentável dos resíduos depende tanto de uma administração eficiente como de parcerias com todas as partes interessadas.

Gestão de resíduos sólidos em aglomerados populacionais informais: Problemas e boas práticas

Esta secção analisa a literatura sobre gestão de RSU, centrando-se nos problemas associados à gestão ineficiente de RSU em aglomerados populacionais informais. A maioria dos aglomerados populacionais informais está inundada de resíduos (Freduah, 2004:213). As autoridades locais não lhes dão resposta adequada. A falta de sistemas eficazes de gestão de resíduos nestas zonas significa que as pessoas vivem literalmente do lixo e, por vezes, do lixo. Os resíduos são despejados indiscriminadamente e acumulam-se ao longo do tempo, constituindo uma ameaça para o bem-estar dos membros da comunidade (Spatial Collective, 2014:74).

Existe uma extensa literatura sobre os desafios enfrentados pela gestão de resíduos em assentamentos informais. De acordo com um relatório de 2012 da Conferência das Nações Unidas sobre Assentamentos Humanos (UNCHS), quase metade dos resíduos sólidos gerados nas cidades dos países em desenvolvimento, incluindo a África do Sul, não são recolhidos. Os resíduos não recolhidos são depositados ilegalmente nas ruas, espaços abertos e terrenos baldios (UNCHS, 2012:13). De acordo com Malombe (1993:145), os serviços irregulares prestados pelas autoridades municipais obrigam os residentes a utilizar métodos alternativos e económicos para eliminar os seus resíduos. Estes incluem a incineração, a compostagem ou o despejo indiscriminado. As condições anti-higiénicas são criadas pela fraca capacidade de eliminar os resíduos sólidos de uma forma sustentável.

As más condições ambientais nos aglomerados informais devem-se, em parte, à gestão incorrecta dos resíduos sólidos. Os aglomerados informais são assentamentos humanos não regulamentados que estão frequentemente localizados em terrenos inadequados. Há também uma falta de locais adequados para a eliminação de resíduos sólidos. A natureza complexa e imprevisível de tais aglomerados torna necessário que o governo local planeie com antecedência e tome medidas correctivas. Karley (1993:109) argumenta que o principal problema é que o desenvolvimento social e económico não consegue acompanhar o crescimento natural da população e a migração rural-urbana.

A falta de instalações de saneamento em áreas densamente povoadas e de baixo rendimento leva a que os resíduos sejam atirados indiscriminadamente para os esgotos, sarjetas e passeios, bloqueando por vezes os canais de drenagem e os cursos de água naturais. Songsore (1992:81) observa que os produtores de resíduos geram grandes quantidades de resíduos mas não os eliminam de forma aceitável. As atitudes das pessoas relativamente à gestão dos seus próprios resíduos são uma parte importante deste problema. O público tende a acreditar que as autoridades locais são as únicas responsáveis pela gestão dos resíduos. Muitos locais designados como aterros sanitários não têm em conta a distância a percorrer pelos residentes locais. Se esses aterros forem demasiado distantes, os residentes são desencorajados a utilizá-los (Freduah, 2004:214). Assim, recorrem à deposição de lixo nos seus próprios bairros. O hábito inaceitável de deitar lixo indiscriminadamente é atribuído à falta de uma cultura de gestão de resíduos entre a população, bem como às instalações inadequadas de eliminação de resíduos. Este facto realça a importância das atitudes das pessoas em relação à gestão dos resíduos.

Agbola (1993:90) afirma que os valores, crenças e mentalidade das pessoas podem ser alterados através da formação; assim, as atitudes em relação à eliminação de resíduos sólidos podem ser alteradas. Pacey (1990:156) acredita que a formação das mulheres na comunidade tem uma forte influência na mudança positiva do comportamento higiénico. Os membros da comunidade precisam de ser sensibilizados para os perigos que uma má eliminação dos resíduos pode representar para a sua saúde e para o ambiente (Freduah, 2004:213). Embora os governos locais se esforcem por gerir as quantidades crescentes de resíduos sólidos, os membros da comunidade nem sempre estão conscientes das consequências de uma má gestão dos resíduos, uma vez que muitas vezes não são imediatamente reconhecíveis (Mull, 2005:85).

Stirrup (1965) afirma que a gestão de resíduos deve ter em conta as características da comunidade que utiliza o serviço, as restrições financeiras, o tipo de resíduos produzidos, as condições climáticas e a possibilidade de reutilização e reciclagem. A viabilidade da estrutura escolhida depende de uma eliminação rápida, eficiente e segura (Freduah, 2004:213).

Os regulamentos municipais sul-africanos estipulam que a autoridade local é responsável pela remoção de lixeiras ilegais se o produtor de resíduos não puder ser identificado. Se for identificado, o produtor é legalmente obrigado a eliminar os resíduos. No caso dos aglomerados informais, os produtores de resíduos são os próprios residentes. Dada a falta de serviços de recolha de resíduos, cabe às autoridades locais encontrar soluções. Os municípios desempenham um papel importante na gestão de resíduos em todo o mundo e são tradicionalmente os principais actores locais com responsabilidade primária pela recolha e gestão de resíduos. Têm a missão de melhorar o nível de vida das comunidades e, ao mesmo tempo, criar oportunidades de emprego (South African Cities Network, 2014).

Estratégia Nacional de Gestão de Resíduos (NWMS): Influência na gestão informal de resíduos

Liquidações

A Estratégia Nacional de Gestão de Resíduos (NWMS) é a diretriz para a gestão de resíduos na África do Sul. Estabelece as estratégias necessárias para atingir os objectivos da Lei de Gestão de Resíduos (n.º 59 de 2008). A NWMS promove uma abordagem integrada da gestão de resíduos para apoiar o compromisso do país com o desenvolvimento sustentável. A política visa permitir à África do Sul equilibrar os desafios socioeconómicos globais de uma sociedade em evolução e desigual, protegendo simultaneamente a saúde humana e os recursos ambientais.

O NWMS é construído em torno de um quadro de oito objectivos estratégicos [ver Tabela 2]. Para efeitos do presente estudo, os objectivos 2 e 4 revestem-se de particular importância: assegurar a prestação eficaz e eficiente de serviços de resíduos e garantir que as pessoas estão conscientes do impacto dos resíduos na sua saúde, bem-estar e ambiente (DEA, 2011:25). Como mencionado acima, os serviços de resíduos incluem a recolha de resíduos dos agregados familiares e a sua eliminação segura. São da responsabilidade constitucional dos municípios, que são a principal interface entre a sociedade civil e o governo.

Embora 61% dos agregados familiares sul-africanos tivessem acesso à recolha de resíduos em 2007 (DEA, 2011:26), a cobertura continua a ser extremamente desigual, com os grupos ricos e urbanos a receberem um melhor serviço. O objetivo 2 do NWMS visa expandir gradualmente o acesso aos serviços de resíduos a partir de um nível básico. Este objetivo visa eliminar o atraso histórico e a desigualdade no acesso aos serviços de resíduos e melhorar a qualidade de vida através de um ambiente mais limpo e habitável (DEA, 2011: 24). A expansão dos serviços de resíduos também conduzirá à criação de emprego, contribuindo assim para a realização do Objetivo 3 [ver Tabela 2]. O Objetivo 2 está especificamente relacionado com a prestação de serviços básicos, como a recolha de resíduos básicos para agregados familiares vulneráveis. Estas incluem os reformados, os desempregados e as famílias com crianças que não podem pagar os serviços municipais (Mogale City Local Municipality, n.d.:1). Os subsídios governamentais que estes agregados familiares recebem não são contabilizados como rendimento. A maioria dos residentes dos aglomerados informais é vulnerável devido à sua situação de empobrecimento e marginalização. O objetivo 4 visa sensibilizar para a gestão dos resíduos. A extensão da deposição de lixo em várias comunidades mostra que existe uma lacuna de conhecimento sobre o impacto dos resíduos na saúde humana, no bem-estar e no ambiente. Devem ser utilizadas parcerias sólidas com as partes interessadas locais, incluindo trabalhadores, empresas, sociedade civil e ONG, para promover a sensibilização para a questão dos resíduos nos aglomerados informais. Tal deverá conduzir a um ambiente visivelmente mais limpo e a uma redução das descargas ilegais e não regulamentadas (DEA, 2011: 28). Um foco importante são os processos participativos para apoiar o planeamento de sistemas de SWM. A participação pode ser facilitada através da educação e sensibilização do público.

O objetivo 8 consiste em acompanhar e avaliar o cumprimento da Lei dos Resíduos (n.º 59 de 2008). Embora a lei preveja um sistema de gestão de resíduos de grande alcance, o mais importante é a sua aplicação. O governo não pode fazer isso sozinho. As empresas e a sociedade civil devem monitorizar a implementação e comunicar quaisquer inconsistências. O processo de controlo inclui também o cumprimento das disposições da Lei dos Resíduos relativas às autorizações e à gestão de resíduos na indústria. Por último, uma monitorização eficaz exige o reforço da Inspeção de Gestão Ambiental (DEA, 2011: 33).

Os regulamentos relativos à apresentação de relatórios estabelecidos na Lei dos Resíduos (n.º 59 de 2008) promovem a monitorização normalizada. A lei não só estabelece os procedimentos para as licenças de gestão de resíduos e as normas e parâmetros de referência, como também exige a preparação de planos integrados de gestão de resíduos, que devem ser analisados pelas autoridades competentes. Para além disso, a legislação ambiental

Os inspectores de gestão (IEM) e os responsáveis pela gestão de resíduos podem solicitar um relatório de impacto sobre os resíduos se identificarem infracções à lei, às condições de licenciamento ou às condições de exclusão. A linha direta nacional para as infracções relacionadas com os resíduos e as disposições relativas às denúncias previstas na NEMA alargarão o sistema de comunicação. Os dados provenientes destes sistemas de comunicação serão utilizados para desenvolver um sistema de investigação de infracções à Lei dos Resíduos (n.º 59 de 2008). Os objectivos para 2015 eram um aumento de 50% nas licenças e 800 IEM (DEA, 2011: 33). Estas disposições são importantes, uma vez que a gestão sustentável dos resíduos sólidos exige o cumprimento da lei.

Quadro 2 Os oito objectivos estratégicos da Estratégia Nacional de Gestão de Resíduos

Goal 1	Promote waste minimization, re-use, recycling and recovery of waste.	Focuses on implementing the waste management hierarchy, with the ultimate aim of diverting waste from landfill.
Goal 2	**Ensure the effective and efficient delivery of waste services.**	**Promotes access to at least a basic level of waste services for all and integrates the waste management hierarchy into waste services, including separation at source.**
Goal 3	Grow the contribution of the waste sector to the green economy.	Emphasizes the social and economic impact of waste management, and situates the waste strategy within the green economy approach.
Goal 4	**Ensure that people are aware of the impact of waste on their health, well-being and the environment.**	**Seeks to involve communities and people as active participants in implementing a new approach to waste management.**
Goal 5	Achieve integrated waste management planning.	Creates a mechanism for integrated, transparent and systematic planning of waste management activities at each level of government.
Goal 6	Ensure sound budgeting and financial management for waste services.	Provides mechanisms to establish a sustainable financial basis for providing waste services.
Goal 7	Provide measures to remediate contaminated land.	Addresses the massive backlog of public and privately owned contaminated land in South Africa.
Goal 8	**Establish effective compliance with and enforcement of the Waste Act.**	**Ensures that everyone adheres to the regulatory requirements for waste management, and builds a culture of compliance.**

Fonte: Com base na Estratégia Nacional de Gestão de Resíduos Sólidos (DEA, 2011: 16)

Para aplicar a Lei dos Resíduos (n.º 59 de 2008), o governo deve elaborar decretos, regulamentos, políticas e planos integrados de gestão de resíduos, controlar as actividades de gestão de resíduos através de licenças, celebrar acordos multilaterais e assegurar controlos adequados das importações, alargar o acesso a um nível básico de gestão de resíduos, promover iniciativas de reutilização e reciclagem em todo o país e reabilitar áreas degradadas. Todas estas estratégias exigem uma cooperação estreita com o sector privado e a sociedade civil.

O sector privado deve assumir a responsabilidade pelos resíduos que produz durante o ciclo de vida dos seus produtos. Isto incluiria técnicas de produção limpas, minimização de resíduos, reciclagem e reutilização no final do ciclo de vida. Além disso, as empresas devem assegurar que todos os resíduos produzidos sejam eliminados de acordo com os requisitos legais. Os requisitos associados às autorizações devem ser rigorosamente respeitados.

A nível municipal, os agregados familiares devem separar os seus resíduos, cumprir os regulamentos relativos aos resíduos e evitar deitar lixo para o chão. Devem também participar em campanhas de sensibilização e em actividades de reciclagem.

Práticas sustentáveis de gestão de resíduos em aglomerados populacionais informais: opções viáveis para resolver o dilema dos resíduos

A sustentabilidade pode ser definida como o processo de utilização consciente dos recursos (como a terra, a água, as plantas, as pessoas e os animais) em todas as actividades que ponham em risco o seu atual crescimento e desenvolvimento no planeta. O consumo consciente dos recursos tem em conta a disponibilidade futura dos recursos actuais, para que as gerações futuras possam também beneficiar deles

eles. A reciclagem, por si só, não garante a sustentabilidade; a gestão dos recursos e a gestão dos resíduos são essenciais para a preservação do nosso mundo.

A gestão de resíduos abrange três aspectos importantes: a forma como os resíduos são reciclados e eliminados e a prevenção de resíduos. Trata-se, portanto, de reduzir a produção de resíduos, utilizando os bens materiais de forma mais produtiva. Quando são produzidos resíduos, estes devem ser geridos de forma a criar valor acrescentado social, económico e ambiental. Em última análise, o objetivo é reduzir o impacto dos resíduos gerados pelas actividades humanas na saúde e no ambiente.

A gestão sustentável dos resíduos pode ser alcançada através da sensibilização dos residentes dos aglomerados informais para a necessidade de separação dos resíduos. Os residentes devem assumir a liderança na gestão eficiente dos resíduos sólidos nas suas comunidades.

Actores da gestão de resíduos em aglomerados informais

O saneamento eficaz depende da ação coordenada dos interessados. No contexto dos aglomerados informais, as partes interessadas específicas incluem os agregados familiares, as empresas locais, as organizações comunitárias e as autoridades locais. Estas partes interessadas devem ser envolvidas no planeamento e na organização da gestão de resíduos, incluindo a seleção de locais para instalações de gestão de resíduos sólidos, recolha de resíduos, reutilização, tratamento do solo e recolha e transporte de resíduos (Squires, 2006:232). Isto criaria um sentimento de apropriação das actividades de gestão de resíduos sólidos na sua localidade.

De acordo com o Anexo 5B da Constituição, as autoridades locais são responsáveis pela gestão dos resíduos, incluindo o armazenamento, a recolha e a transferência de resíduos. Os prestadores de serviços privados desempenham um papel importante em todas as fases da gestão de resíduos, desde o transporte até à reutilização. Estas organizações desempenharão um papel crucial no alargamento dos serviços a comunidades anteriormente não servidas e complementarão os esforços do governo. A ONU-Habitat (2014:34) observa que a Assembleia Parlamentar Paritária ACP-CE declarou o seguinte,

A 'cadeia de valor' da gestão de resíduos, que engloba a recolha, o tratamento, a reutilização, a eliminação e a reciclagem de diferentes fluxos de resíduos, proporciona incentivos económicos que permitem ao sector privado ser um parceiro eficaz na gestão ambiental, desde que exista um ambiente favorável ao investimento do sector privado na gestão de resíduos" UN-Habitat (2014: 34).

As famílias também desempenham um papel importante na gestão dos resíduos. Enquanto consumidores finais, devem reduzir a quantidade de resíduos que produzem, reutilizar os produtos sempre que possível e eliminar os restantes de forma responsável. Devem informar-se sobre o impacto ambiental dos produtos que compram e cumprir a sua obrigação para com as suas famílias e a sociedade em geral de proteger o ambiente.

Por conseguinte, é necessário um entendimento comum entre as partes interessadas (para efeitos do presente estudo: o município, o município de eThekwini e os prestadores de serviços) para se conseguir uma gestão eficaz dos resíduos nas povoações informais. O planeamento colaborativo é mais poderoso do que outros métodos, uma vez que incentiva a discussão, considera as necessidades de todas as partes interessadas e produz as melhores soluções (Gunton et al., 2008: 7).

Uma abordagem centrada nas pessoas para a gestão de resíduos sólidos a nível local: princípios de Batho Pele

A Lei dos Sistemas Municipais (32 de 2000) estabelece a forma como os municípios devem prestar serviços de gestão de resíduos. Todas as comunidades merecem ser tratadas com respeito; o serviço público sul-africano adoptou os princípios Batho Pele (People First) para garantir que os interesses dos cidadãos são colocados em primeiro lugar e que são tratados com dignidade. No entanto, estes princípios não podem ser aplicados por lei e dependem da boa vontade dos funcionários da administração local. Todas as pessoas, incluindo os grupos desfavorecidos, devem ter igual acesso aos serviços e ser tratadas com consideração e respeito. A população deve ser informada de forma completa e exacta sobre o nível e a qualidade dos serviços que pode receber do município. Os municípios podem ser responsabilizados por não cumprirem o seu mandato e as suas deficiências devem ser corrigidas. Os funcionários municipais devem acolher as queixas como uma oportunidade para melhorar os serviços.

Assentamentos informais e pobreza

As povoações informais/não convencionais são também referidas na literatura como ilegais/irregulares (Keivani & Werna, 2001: 8). Não convencional significa que não estão vinculados a formas ou crenças tradicionais. A produção ou fornecimento de habitação não convencional não segue as regras e regulamentos governamentais e a abordagem é muito informal e gradual (Keivani & Werna, 2001: 9). O National Upgrading Support Programme (NUSP) na África do Sul desenvolveu um conjunto de ferramentas para compreender melhor os aglomerados informais. A Parte 1 afirma o seguinte,

"Os aglomerados informais caracterizam-se geralmente por infra-estruturas inadequadas, acesso deficiente a serviços básicos, ambiente inadequado, densidade populacional descontrolada e insalubre, habitação inadequada, acesso deficiente a instalações de saúde e educação e falta de uma gestão comunitária eficaz.

Um aglomerado informal é aquele em que a habitação é criada fora dos canais autorizados, sem autorização oficial de planeamento e sem respeitar os regulamentos de zonamento e de subdivisão (Drakakis-Smith, 1981:188; Baross e Van der Linden, 1990:127). Este tipo de produção de habitação destina-se principalmente às populações de baixos rendimentos, uma vez que é dispendioso cumprir determinadas normas e adquirir habitação de alta qualidade, projectada e construída profissionalmente. A produção de habitação não convencional recorre principalmente a formas tradicionais de produção, que são bastante intensivas em mão de obra e utilizam trabalho de autoajuda e materiais autóctones (Drakakis-Smith, 1981:188).

As formas informais de provisão de habitação nos países em desenvolvimento devem-se principalmente ao facto de os grupos populacionais com baixos rendimentos não poderem pagar as habitações de alta qualidade, concebidas e construídas profissionalmente pelo sector convencional. Esta situação deve-se ao facto de o desenvolvimento capitalista não ter conseguido, por um lado, acomodar a crescente população urbana no sector formal e, por outro lado, proporcionar uma remuneração adequada a grandes sectores da força de trabalho (Keivani & Werna, 2001:10). Esta é uma das causas do problema da habitação nos países em desenvolvimento.

Consequentemente, o carácter não convencional da habitação tornou-se um elemento indispensável do crescimento e do desenvolvimento urbano nos países em desenvolvimento. Os governos destes países são, por conseguinte, susceptíveis de tolerar e aceitar um certo grau de ilegalidade e irregularidade (Keivani & Werna, 2001:10).

Má prestação de serviços nos aglomerados informais

A elevada densidade e a disposição compacta das cabanas no aglomerado informal de Cato Crest significa que a recolha de resíduos e os trabalhadores municipais não têm acesso fácil às zonas interiores do aglomerado, onde se encontra a maior parte das lixeiras ilegais. A eliminação de resíduos está, por conseguinte, limitada às povoações ao longo da estrada principal que atravessa a povoação e a norte da mesma. A comunidade acusa o município de não fazer o suficiente para resolver a crise dos resíduos, deixando os membros da comunidade sem outra opção que não seja eliminar os seus resíduos indiscriminadamente. A deposição ilegal tornou-se parte integrante deste aglomerado denso. Outro fator é o facto de não serem fornecidos sacos de lixo pretos nesta comunidade, o que afecta a sua participação na gestão sustentável dos resíduos. A maioria dos residentes tem baixos rendimentos e não pode pagar as taxas municipais de recolha de resíduos. O facto de Cato Crest ser uma comunidade com baixos rendimentos ou carenciada não significa que os residentes não tenham direito a uma boa qualidade de vida. Têm também direito à justiça ambiental e ao desenvolvimento sustentável. A prestação inadequada de serviços é vista como resultado de injustiças ambientais e sociais herdadas do governo do apartheid. A eliminação insegura de resíduos em Cato Crest representa uma ameaça para a saúde nesta comunidade desfavorecida.

Falta de gestão sustentável dos resíduos nos aglomerados informais

A comunidade de Cato Crest afirma que deitar os seus resíduos na rua é a única forma de levar as suas queixas à atenção das autoridades locais. Isto sugere que o nível de envolvimento da comunidade na gestão de resíduos em Cato Crest está diretamente relacionado com a satisfação dos residentes com a prestação de serviços. O despejo de resíduos parece fazer parte da rebelião contra a perceção da falta de serviços de resíduos. Os residentes de Cato Crest sentem que o governo da cidade não se preocupa com a sua saúde humana e ambiental. Adoptaram, por isso, uma atitude do tipo "porque nos havemos de preocupar?" em relação ao seu ambiente. A confiança entre as autoridades locais e a comunidade está quebrada, o que começou com a promessa não cumprida do município de construir casas na zona.

A negligência da comunidade também se deve à falta de educação sobre a gestão sustentável dos resíduos. Há também uma falta geral de orgulho no ambiente devido ao seu aspeto e cheiro. As campanhas de sensibilização são essenciais para melhorar a saúde pública e a qualidade ambiental. A educação incentivaria atitudes e uma eliminação sensata dos resíduos e incutiria a responsabilidade ambiental nos indivíduos.

Desenvolvimento e crescimento económico como instrumento para uma gestão sustentável dos resíduos

Desenvolvimento significa crescimento positivo que cria melhores condições de vida que satisfazem as necessidades humanas básicas. A educação, a habitação adequada, a saúde e a alimentação são necessidades humanas básicas que constituem características essenciais do desenvolvimento. As condições de vida das pessoas podem ser melhoradas através do crescimento económico combinado com a eficiência económica. O desenvolvimento deve ter um impacto direto na qualidade de vida dos indivíduos, reduzir as desigualdades e o desemprego, erradicar a pobreza, prometer um desenvolvimento sustentável e promover o desenvolvimento humano. Deverá criar um ambiente que dê às pessoas igual acesso aos recursos e transformar os países em desenvolvimento da sua situação de estagnação para uma situação mais próspera que possa sustentar a nação. Embora esta afirmação forte dê origem ao otimismo de que é possível um mundo melhor, o desenvolvimento também está repleto de controvérsia. O fosso entre ricos e pobres aumentou, o sistema capitalista (que tem sido alimentado pelo desenvolvimento) é visto como injusto e os sistemas de mercado livre exacerbaram a pobreza e a desigualdade. Os mercados servem apenas a elite e ignoram as massas que têm acesso limitado ou nulo aos benefícios e recursos. Estas são excluídas do desenvolvimento porque o cumprimento das normas de desenvolvimento tem um custo. Este círculo vicioso marginaliza e priva os pobres.

Resumo

Ao implementar a Lei de Gestão de Resíduos (n.º 59 de 2008), o NWMS fornece orientações abrangentes para uma gestão eficiente dos resíduos em todos os sectores da sociedade. A África do Sul enfrenta desafios únicos na gestão de resíduos que exigem um forte empenhamento do governo e parcerias coesas com todas as partes interessadas. Dadas as restrições impostas pelo estatuto do país como nação em desenvolvimento, os efeitos persistentes do legado do apartheid e as exigências concorrentes das finanças públicas, isto não será fácil. No entanto, uma gestão eficaz dos resíduos é essencial para garantir um nível de vida saudável às gerações actuais e futuras.

CAPÍTULO 4 METODOLOGIA DE INVESTIGAÇÃO

Este capítulo apresenta a metodologia utilizada para realizar este estudo. Também fornece uma visão geral do assentamento informal de Cato Crest, o estudo de caso utilizado neste projeto de investigação. Os dados primários qualitativos foram a principal fonte de informação, uma vez que o estudo se baseou fortemente nos pontos de vista dos participantes no estudo.

Foi necessária uma metodologia estruturada para manter o foco do estudo. O primeiro passo foi rever a literatura sobre a gestão da água urbana no contexto dos assentamentos informais no município de eThekwini. Foi dada especial atenção ao saneamento no município de Cato Crest como um todo, especialmente aos beneficiários e não beneficiários dos serviços de saneamento. Os instrumentos de investigação qualitativa incluíram entrevistas semi-estruturadas aprofundadas, questionários com perguntas abertas, observação não participante e o assentamento informal de Cato Crest como um estudo de caso. A investigação qualitativa é normalmente utilizada para explorar as percepções e os valores que influenciam o comportamento da população-alvo e para identificar necessidades não satisfeitas (ISURAS Market Research, 2012:121). A principal questão de investigação era avaliar a eficácia das actuais práticas de gestão de resíduos sólidos nos aglomerados informais. A medida em que os resíduos sólidos são geridos nos aglomerados informais em termos de práticas sustentáveis de gestão de resíduos foi uma referência para avaliar esta eficácia. Por conseguinte, era importante compreender os pontos de vista das principais partes interessadas sobre este tópico. A investigação qualitativa permite descrições textuais de como a população-alvo vivencia o tópico da investigação (Denzin e Lincoln, 2000:88).

Antecedentes históricos

A povoação informal de Cato Crest faz parte do município maior de Cato Manor. Cato Estate recebeu o nome de George Cato, que foi o primeiro presidente da câmara de Durban. Em 1845, recebeu 1800 hectares de terra em Cato Crest como indemnização pela expropriação da sua propriedade à beira-mar para fins militares (Maylam, 1983). Cato e os seus familiares cultivaram e habitaram a área durante algum tempo até esta ser subdividida em pequenas propriedades e vendida a outros agricultores brancos (Leclerc-Madlala, 2004).

De 1900 até aos anos 30, uma grande parte da área foi vendida a indianos que permaneceram na África do Sul após o fim do seu emprego (Makhatini, 1994). Estes praticavam uma agricultura de subsistência. Ao mesmo tempo, os africanos que tinham emigrado das zonas rurais em busca de oportunidades de trabalho em Durban mudaram-se para a zona. Os proprietários de terras arrendaram partes das suas propriedades a estes migrantes, que construíram barracas no terreno (Popke, 1997).

Em 1932, Cato Manor foi incorporada no município de Durban e os residentes das cabanas foram declarados ilegais. Apesar das leis de controlo da imigração, o afluxo de residentes africanos continuou. Cele (2010) afirma que as autoridades ignoraram deliberadamente estas leis. Os proprietários indianos descobriram que o aluguer de barracas era mais rentável do que o cultivo de legumes e criaram lojas e estações de transporte.

Nos anos 40, a população de Cato Manor era estimada em 50.000 habitantes (Makhathini e Xaba citados em Leclerc-Madlala, 2004: 3). As condições de vida eram as de um gueto urbano, com muito congestionamento e falta de eletricidade, água potável e saneamento. Estas condições alimentaram conflitos entre residentes indianos e africanos, que culminaram nos chamados Cato Manor Riots em 1949. Os motins foram alegadamente desencadeados por um homem indiano que atacou um africano de 14 anos perto do mercado indiano em Durban (Maylam, 1983).

A violência durou dois dias, tendo sido mortos um homem branco, 50 índios e 87 africanos e feridas mais de 100 pessoas. Muitas propriedades foram destruídas (Maylam, 1983). Este facto levou muitos índios a abandonar a zona. Também levou a que as comunidades brancas vizinhas pressionassem a Câmara Municipal a transferir os inquilinos ilegais de Cato Manor para áreas designadas, com base na Lei 21 de 1923 relativa às áreas urbanas dos nativos. Alguns continuaram a alugar lotes inteiros a africanos. Foram construídas mais barracas, o que levou a mais subarrendamentos (Cele, 2010). Com a aprovação da Group Areas Act 41 em 1950, tanto os proprietários como os residentes de Cato Manor foram expulsos. Os indianos foram transferidos para Merebank, Phoenix e Chatsworth, enquanto os africanos foram alojados em Chesterville, Umlazi e KwaMashu (Maylam e Edwards, citados em Cele, 2010: 10). No final da década de 1960, Cato Manor estava essencialmente vazia; tudo o que restava eram algumas casas, a cervejaria, alguns santuários hindus e abacateiros, lichias e mangueiras que outrora eram o orgulho dos agricultores indianos (Popke, 1997; Leclerc-Madlala, 2004). Os poucos residentes que restavam formaram a Associação de Residentes de Cato Manor para resistir a novos despejos, tendo sido construídas casas formais em Wiggins, em Cato Manor, na década de 1980 (Singh, 2012). Ao mesmo tempo, os africanos começaram gradualmente a regressar e a construir habitações informais. Surgiu uma povoação informal na zona atualmente conhecida como Cato Crest (Leclerc-Madlala, 2004). Na era democrática, a abolição do controlo da imigração e da segregação racial levou a um aumento da migração de antigos e novos inquilinos para a zona. A Agência de Desenvolvimento de Cato Manor (CMDA) foi criada para enquadrar a zona. Em 1995, Cato Manor foi selecionado como um dos maiores projectos emblemáticos, reflectindo a sua importância (Cato Manor Social Development Strategy Review citado em Cele, 2010: 10). O assentamento de Cato Crest é assim caracterizado pela rica história de deslocalização e movimento populacional de Cato Manor. Este facto deixou um legado de reivindicações de terras disputadas, de invasões e de direitos de colonização disputados. Através de vários actos legislativos (incluindo o Group Areas Act 41 de 1950), "o governo de segregação politicamente sancionado aumentou o controlo da imigração, iniciou evacuações em massa e introduziu um controlo privado mais apertado sobre os negros, mantendo assim o isolamento privado" (Motladi, 1995: 57).

Atualmente, os proprietários de terras em Cato Crest continuam a arrendar ilegalmente cabanas ou quartos a particulares (Motladi, 1995). O acesso à terra e aos mercados fundiários é, portanto, principalmente informal. Consequentemente, a povoação tem todas as características de uma povoação informal.

Localização

Cato Crest é um dos seis aglomerados informais de Cato Manor e está localizado na periferia do aglomerado entre a Vusi Mzimela Road (antiga Bellair Road) e a Mary Thiphe Street (antiga Cato Manor Drive) (Leclerc-Madlala, 2004). Cato Crest é um local popular porque fica a cerca de cinco quilómetros do centro da cidade de Durban e perto das estradas nacionais N2 e N3. Isto significa que os residentes têm acesso fácil a oportunidades económicas. As escolas, os serviços de saúde e as lojas ficam a uma curta distância a pé da propriedade (Patel, 2009) e as ligações de transportes são boas.

Figura 1 Mapa de localização: Zona de estudo - povoação informal de Cato Crest, parte do FER 961

Fonte: Investigador; 2014

Estudo de caso: Povoação informal Cato Crest

A povoação informal de Cato Crest foi utilizada como estudo de caso para examinar o impacto de práticas ineficazes de gestão de resíduos sólidos nos beneficiários e no governo local e como a falta de responsabilidade de ambos os lados do espetro afecta o desenvolvimento sustentável. Este estudo de caso foi útil porque permitiu ao investigador examinar os dados ao nível micro. Os estudos de caso recolhem dados sobre um fenómeno da vida real através de uma análise contextual pormenorizada e proporcionam uma melhor compreensão das situações da vida real (Zainal, 2007: 1). Um estudo de caso foi apropriado para este estudo porque é um método de investigação robusto que permite um exame holístico e aprofundado de um problema de investigação. Para efeitos deste estudo, permitiu ao investigador compreender a saúde e outras consequências de um saneamento ineficaz. Os relatos pormenorizados dos entrevistados mostraram que os residentes não têm outra opção senão viver lado a lado com aterros mal geridos. Assim, o estudo de caso mostrou a complexidade das situações da vida real que não podem ser captadas pela investigação experimental ou de inquérito (Hauser, 1975:103).

Entrevistas

De acordo com Brynard e Henekom (1997: 32), uma entrevista permite ao investigador obter conhecimentos de um perito num determinado tópico, uma vez que é o "encontro de duas mentes": a do entrevistador e a do entrevistado. As entrevistas proporcionam também a flexibilidade necessária para validar as respostas iniciais (Creswell, 1994: 5). O investigador conduziu entrevistas presenciais, semi-estruturadas e aprofundadas com os principais intervenientes para obter os seus pontos de vista e percepções. As partes interessadas incluíam funcionários da Câmara Municipal de eThekwini e 40 residentes do assentamento informal de Cato Crest. As entrevistas centraram-se na recolha e eliminação de resíduos e na participação da comunidade. As entrevistas aprofundadas permitiram conhecer os pontos de vista e as experiências pessoais dos indivíduos sobre a gestão de resíduos e a participação da comunidade. Os dados qualitativos recolhidos esclareceram a forma como as pessoas interpretam a gestão de resíduos sólidos, a importância que lhe atribuem e se e como é implementada de forma sustentável.

Directrizes de entrevista para informadores-chave: Visão geral dos tópicos e perguntas

O que as pessoas aprendem com a investigação depende do que já sabem e dos seus valores e crenças. Por isso, o investigador fez perguntas aos participantes do estudo sobre os seus pontos de vista sobre a gestão da água urbana para contextualizar a investigação. As perguntas foram tão específicas quanto possível para garantir que os informadores-chave estavam a falar de práticas reais e não de generalizações. A qualidade das respostas foi melhorada ao informar os informadores-chave sobre as perguntas antes da entrevista, para que tivessem algum tempo para refletir sobre elas. As principais perguntas diziam respeito ao seguinte:

- Parte A: Identificar os pontos de vista dos informadores-chave sobre a situação atual da gestão dos resíduos sólidos urbanos nas povoações informais.
- Parte B: A eliminação ineficaz dos resíduos tem um impacto negativo direto nas condições de vida saudáveis nos aglomerados informais. São principalmente os pobres que suportam o fardo deste problema. Este tópico foi discutido para averiguar as opiniões dos informantes-chave.
- Parte C: Identificação de medidas correctivas ou métodos de atenuação que são fundamentais para resolver o problema da gestão de resíduos em aglomerados informais.
- Parte D: Identificar as funções e responsabilidades de cada parte interessada (comunidade e governo local) no processo de SWM e se este é eficaz.
- Parte E: Recolha de opiniões dos informadores sobre a opção de cooperação mais viável em matéria de gestão de resíduos sólidos e sobre o modelo a adotar.

Quadro 3 Informadores-chave inquiridos

Name	Designation and Organization	Information Obtained
1. Mr. Aaron Mzimela	Secretary General for Abhlali baseMjondolo Shackdwellers' Movement South Africa and Chairperson of Cato Crest informal settlement	A tour of the settlement was facilitated and conducted. Access to the settlement and an introduction to each household were facilitated through the organization. Information was provided on the settlement's struggle with local government to secure properly managed solid waste.
2. Ms. Lynette Marx	Durban Solid Waste (DSW) Senior Supervisor. eThekwini Municipality	The role local government plays in the settlement was explained. The challenges confronting local government due to a lack of community support were revealed.
3. Ms. Bunjiwe Guwebu	Project Executive: Special Economic Zones at LIEDA. Former Programme Manager: Community Development at CORC – contact person for Cato Crest informal settlement.	Firsthand experience and current insight into the settlement's SWM dilemma that informed many of the findings of this research. It was noted that community buy in will only occur when local government adequately services the settlement, without cutting corners.

Source: Researcher; 2014

Questionários

Foram elaborados dois questionários com perguntas abertas e fechadas. As perguntas abertas encorajaram relatórios e respostas qualitativas pormenorizadas. Não só ajudaram a descrever a situação real, mas também a complexidade desta situação, que poderia não ter sido captada através da utilização de perguntas fechadas (Zainal, 2007: 4). As perguntas abertas deram aos participantes a oportunidade de responder com as suas próprias palavras, em vez de escolherem respostas pré-determinadas. A abordagem qualitativa também lhes permitiu responder com mais pormenor. Por sua vez, o investigador pôde responder ao que os participantes disseram e aprofundar a questão. As perguntas abertas fornecem dados ricos e descritivos.

O questionário 1 [ver Anexo 2] destinava-se aos funcionários públicos responsáveis pela gestão de resíduos no município de eThekwini. Eles são classificados como prestadores de serviços. O Questionário 2 [ver Anexo 4] foi dirigido aos residentes do assentamento informal de Cato Crest, que são classificados como beneficiários ou utilizadores finais.

Amostragem direccionada

Foi utilizada uma amostra intencional para selecionar os participantes no estudo. Os indivíduos foram seleccionados com base na sua experiência anterior com o tópico em investigação e na sua vontade de participar (Galloway, 1997:19). A vantagem da amostragem intencional é que o investigador pode selecionar indivíduos que têm informações relevantes para o problema da investigação (Williams, 1978: 3). O investigador teve a possibilidade de estabelecer contactos e interagir com os participantes durante as entrevistas.

Foram entrevistados individualmente três intervenientes importantes no saneamento, incluindo um funcionário do Município de eThekwini, um funcionário de um movimento social de uma povoação informal e 40 residentes da povoação informal de Cato Crest. Estavam na melhor posição para responder às perguntas da investigação, uma vez que estavam diretamente envolvidos ou de outra forma afectados pelo planeamento, fornecimento, adoção, monitorização e/ou gestão da SWM (Given, 2008:88). As perguntas da entrevista centraram-se na recolha e eliminação de resíduos, na participação da comunidade e das partes interessadas e nas suas percepções da gestão de resíduos.

Observação participativa

A recolha de dados também incluiu a observação participante dos inquiridos durante as visitas à área de estudo para realizar as entrevistas. Isto permitiu ao investigador observar comportamentos que ocorrem naturalmente no seu contexto típico, o que proporcionou uma melhor compreensão do problema de investigação. A observação foi efectuada como alguém de fora para obter informações em primeira mão, observando as pessoas a responder às perguntas. A disposição e o tom das respostas também foram tidos em conta. Foram discutidas as razões da falta de gestão sustentável dos resíduos na propriedade e as percepções dos participantes ajudaram a determinar se a autoridade local tinha resolvido os problemas enfrentados pelos residentes. Foram tomadas notas de campo durante a observação dos participantes. Foi utilizada uma lista de verificação [no Anexo 3] para registar as observações durante as visitas de campo.

Visitas no local

Bechhofer e Paterson (2000:49) afirmam que o trabalho de campo é uma forma importante de recolha de dados e observação que permite ao investigador desenvolver um conhecimento próximo e por vezes íntimo dos entrevistados. Os princípios sugeridos por Bechhofer e Paterson (2000:49) foram adoptados para o trabalho de campo neste estudo. Estes princípios incluem o facto de o investigador procurar um equilíbrio cuidadoso entre o papel de investigador e o conhecimento de algumas das pessoas da zona.

Foram efectuadas três visitas ao local da área de estudo de caso. O objetivo da primeira visita era conhecer os dois assistentes de investigação que estavam a trabalhar com o investigador no preenchimento dos questionários aos agregados familiares e fazer uma pequena visita guiada à área de estudo. Durante a segunda visita, foram localizadas lixeiras ilegais abertas na povoação e o investigador observou a forma como os resíduos eram eliminados na povoação. Foram tiradas fotografias e os resultados foram registados na lista de observações. Durante a segunda visita, foram efectuadas entrevistas aos agregados familiares.

Recolha de dados secundários e primários

O estudo também se baseou em dados secundários sob a forma de livros, sítios Web de notícias, artigos, apresentações, relatórios de conferências e seminários, dissertações e relatórios governamentais. Foi assim criada uma base de dados mais vasta do que a que teria sido possível recolher por si só. Finalmente, a recolha de dados primários foi orientada através da identificação de lacunas e insuficiências, bem como da informação adicional necessária (Nkwi *et al.*, 2001: 128).

Foi feita uma utilização extensiva dos dados primários recolhidos pelo investigador através de entrevistas e da observação participante em primeira mão. Os dados primários foram obtidos através de entrevistas semi-estruturadas, notas de campo e observações. A vantagem dos dados primários é o facto de serem curtos, precisos e originais.

Analisar os dados

Os métodos subjectivos de análise temática e de conteúdo foram utilizados para analisar os dados, por exemplo, as percepções dos membros, as entrevistas de cima para baixo e o exame dos relatórios. Mouton (1996: 168) afirma que este tipo de análise utilizou uma série de técnicas para fornecer uma interpretação abrangente dos dados. O investigador leu as transcrições das entrevistas e as respostas às perguntas abertas e fechadas dos questionários e estabeleceu ligações entre os elementos individuais dos dados. As respostas foram organizadas pergunta a pergunta e os dados foram categorizados. Os dados foram lidos tendo em conta os temas, as categorias, os padrões e as relações. Foram analisadas as semelhanças e as diferenças entre os diferentes conjuntos de dados, bem como as declarações dos diferentes grupos. Por fim, os resultados foram resumidos. Os questionários foram resumidos pergunta a pergunta para ilustrar os temas-chave de cada pergunta. Do mesmo modo, foram resumidos os principais temas que surgiram nas transcrições das entrevistas. Finalmente, os dados foram processados e sintetizados através da interpretação e discussão dos resultados, que são apresentados no capítulo cinco.

Considerações éticas

A identidade do investigador foi revelada e comunicada com exatidão. Os participantes foram informados do objetivo do estudo e do facto de a participação ser voluntária. O carácter voluntário da participação "refere-se ao direito dos participantes de escolherem livremente submeter-se ao escrutínio associado à investigação" (Dane, 1990: 39). Os participantes não foram forçados a participar no estudo e foram informados do seu direito de se retirarem em qualquer altura. A confidencialidade "é dada quando apenas os investigadores conhecem a identidade dos participantes e se comprometeram a não revelar a sua identidade a outros" (Dane, 1990: 51). Os desejos dos participantes que quiseram manter o anonimato foram respeitados. As informações obtidas foram relatadas com a maior exatidão possível.

Limitações do estudo

Alguns entrevistados-chave não estavam dispostos a ceder o seu tempo para uma entrevista. O investigador teve de ser complacente e marcar uma hora adequada. A maior parte das entrevistas foi efectuada em isiZulu, uma vez que a maioria dos entrevistados não falava inglês. Para ultrapassar a barreira linguística, foram utilizados dois estudantes do ensino secundário da colónia informal de Cato Crest para preencher os questionários. Na povoação informal de Cato Crest, apenas um funcionário da comunidade trabalha no sector do saneamento. Isto forneceu informação suficiente sobre o papel e o âmbito das actividades de SWM da comunidade na área de estudo.

Resumo

Este capítulo apresenta a metodologia de investigação utilizada para realizar este estudo. Discute os métodos e procedimentos utilizados para recolher e analisar os dados, a fim de responder às questões de investigação. Foram utilizados métodos qualitativos para recolher os dados. Este capítulo também descreve as limitações do estudo que podem ter afetado o resultado e as medidas tomadas pelo investigador para ultrapassar os desafios encontrados. O capítulo seguinte apresenta e analisa os dados recolhidos sobre o saneamento no assentamento informal de Cato Crest.

Introdução

Este capítulo apresenta uma breve panorâmica da história de Cato Crest e da sua atual situação socioeconómica e ambiental. O município de Cato Manor é constituído por seis aglomerados informais que partilham características semelhantes. Discutir estas características lança luz sobre a dinâmica multifacetada do saneamento nestas povoações. Além disso, a área de estudo de caso proporcionou uma oportunidade para explorar várias opções para melhorar as condições de vida nessas povoações.

Os resultados obtidos durante o trabalho de campo são apresentados em várias áreas temáticas. Estes temas foram derivados das questões de investigação que procuravam explicar como o saneamento em aglomerados informais pode melhorar as condições de vida dos habitantes.

Brasão de armas de Catão

Cato Crest ocupa 97 dos 1800 hectares que constituem Cato Manor (Patel, 2009). É constituída por dois distritos (Distritos 30 e 31) que estão divididos em 12 "regiões" (Community Pioneer, 2014). Cada "região" tem um Comité de Área, que faz parte do Comité de Desenvolvimento Comunitário, também chamado pelos residentes de "Comité de Bairro" ou "Conselho de Curadores". Estas estruturas são muito importantes, pois são o primeiro ponto de contacto e uma fonte rica de dados para os residentes e representantes da comunidade.

Cato Crest é uma área densamente povoada, onde vivem cerca de 17.856 pessoas (StatsSA, 2010). Dada a rápida urbanização, o crescimento populacional é elevado. Os habitantes pertencem a numerosos grupos étnicos e são predominantemente africanos Zulu, Xhosa, Ndebele e Sotho. Os migrantes de outros países africanos, como o Zimbabué, o Burundi e o Malawi, para citar apenas alguns, também residem em Cato Crest. No entanto, o dialeto predominante é o isiZulu, o dialeto da província (Leclerc-Madlala, 2004).

Patel (2009) observa que Cato Crest é caracterizada por três tipos de habitações: casas RDP construídas pelo Município de eThekwini, barracas e acampamentos temporários para pessoas que aguardam a conclusão das suas casas formais. Os residentes incluem proprietários de terras, proprietários de imóveis e ocupantes. Em Cato Crest, portanto, há uma variedade de tipos de habitação com diferentes graus de segurança e insegurança.

As pessoas instalam-se em Cato Crest por uma série de razões. A principal atração é o acesso a oportunidades económicas, uma vez que fica perto do centro da cidade de Durban. Alguns cresceram na povoação. Outros escolheram viver em Cato Crest porque os preços de aluguer são muito baixos, enquanto outros se mudaram com familiares ou herdaram uma casa. E, finalmente, algumas pessoas vivem na zona porque esperam ser elegíveis para habitação regular desta forma.

A localização de Cato Crest é relevante para este estudo. Patel (2011) observa que está rodeado por bairros brancos da classe trabalhadora que votaram na Aliança Democrática (DA) desde 1994. Em contrapartida, a maioria dos residentes de Cato Crest votou no Congresso Nacional Africano (ANC). Além disso, as alterações legislativas levaram a uma redistribuição que afectou o comportamento eleitoral. Entre 2006 e 2011, a povoação foi dividida nas alas 30 e 31. A sede de terra e de habitação teve um forte impacto nas filiações e rivalidades políticas dos residentes.

Carácter social da comunidade de Cato Crest

StatsSA (2010) afirma que cerca de 77% da população de Cato Crest tem menos de 35 anos. Apenas 24% da população está formalmente empregada, com uma taxa de desemprego de cerca de 45%. Isso indica que muitos habitantes não conseguem ganhar a vida. O nível de instrução é baixo: apenas 0,07% da população tem um diploma universitário, 45% tem o ensino secundário e 34% tem o ensino primário.

Cato Crest oferece várias comodidades a uma curta distância a pé. Estas incluem locais de encontro, instalações educativas (incluindo duas instalações polivalentes com uma escola, uma biblioteca, um salão de festas e campos desportivos), clínicas, bibliotecas, serviços municipais, instituições religiosas, uma esquadra de polícia, campos desportivos, um centro comercial, o mercado Bellair e o recentemente construído Intuthukho Junction.

Características socioeconómicas

Cato Crest tem uma população estimada em 20.000 pessoas (Censo SA 2001). A área é habitada principalmente por afrikaners que representam uma grande variedade de grupos étnicos, com predominância dos Zulu, seguidos dos Xhosa, Sotho e Ndebele (Madlala & Jonowski, 2004:5). O censo de 2001 também revelou que 81% dos residentes de Cato Crest vivem com menos de R20 000 por ano. Os residentes com idades compreendidas entre os 15 e os 65 anos (54% da população total) completaram o 7º ano de escolaridade e mais de metade (56%) dos residentes de Cato Crest vivem em habitações informais (Ikamvayouth, 2010:11). Estas condições socioeconómicas são a razão da crise de saneamento no assentamento informal, que é analisada neste capítulo sob vários aspectos. Embora existam sinais de medidas de gestão de resíduos sólidos urbanos, os aterros não regulamentados são regularmente utilizados pelos residentes. Por isso, este estudo analisou a eficácia das actuais medidas de gestão de resíduos sólidos neste aglomerado informal. É importante compreender este fenómeno, uma vez que muitos aglomerados informais em KwaZulu-Natal partilham as mesmas características.

Prestação de serviços de eliminação de resíduos em Cato Crest

O assentamento informal de Cato Crest representa um grande desafio para a comunidade em termos de eliminação de resíduos. A falta de eliminação adequada de resíduos tem um impacto no ambiente e na saúde da comunidade. Charlton (2006:14) observa que, embora os aglomerados informais façam parte da paisagem urbana sul-africana há décadas, não têm sido adequadamente abordados nas estratégias municipais. Ao longo dos anos (desde o regime do apartheid até à nova democracia), os problemas de prestação de serviços acumularam-se, resultando em enormes desafios de gestão de resíduos nas povoações informais. Quanto mais estes aglomerados se multiplicam, maior é o problema.

O estudo revelou que nenhum dos inquiridos tinha acesso fácil à estrada principal, onde os resíduos são regularmente recolhidos pela empresa de recolha de resíduos contratada. A alternativa conveniente é a lixeira municipal a céu aberto no bairro. Todos os entrevistados expressaram insatisfação pelo facto de o município não estar disposto a alargar os seus serviços a zonas mais profundas da povoação, para chegar aos habitantes da comunidade que praticamente vivem dos seus próprios resíduos. Esta questão é discutida em pormenor mais adiante neste capítulo.

O ciclo de gestão de resíduos no assentamento informal de Cato Crest

A água, a eletricidade, a eliminação dos resíduos e a habitação são necessidades humanas básicas. Fazem parte de um conjunto de serviços que melhoram a qualidade de vida e são necessários para um nível de vida básico. Foi pedido aos inquiridos que indicassem as necessidades básicas mais importantes para eles, numa escala de 1 a 4 (sendo 1 menos importante e 4 muito importante). Como seria de esperar, a habitação adequada surge em primeiro lugar, enquanto a gestão dos resíduos surge em segundo. É evidente que a gestão de resíduos é importante para esta comunidade e os residentes estão conscientes da necessidade de eliminação de resíduos.

Figura 1 Ordem de importância da eletricidade, água, resíduos e habitação para os inquiridos

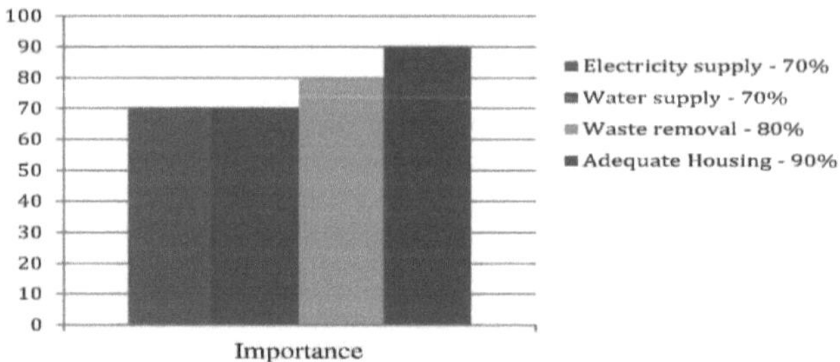

Fonte: Investigador; 2014

Plástico, papel, comida estragada, vidro e latas são exemplos dos tipos de resíduos que cada agregado familiar gera. Os inquiridos afirmaram que o papel é o resíduo mais produzido, seguido do plástico e dos alimentos estragados. O facto de os alimentos estragados representarem 28% do total de resíduos gerados deve-se ao facto de a maioria dos residentes não ter eletricidade. Sem refrigeração, muitos alimentos estragam-se mais rapidamente. As visitas ao local revelaram que a maioria dos resíduos domésticos era embalada e deitada fora em pequenos sacos de plástico. Assim que o saco estava cheio, era deitado fora na lixeira mais próxima.

Figura 2 Resíduos produzidos pelos inquiridos num único dia

Fonte: Investigador; 2014

A figura 2 mostra a deposição deliberada de grandes quantidades de resíduos

pelos habitantes da

Liquidação informal Cato Crest

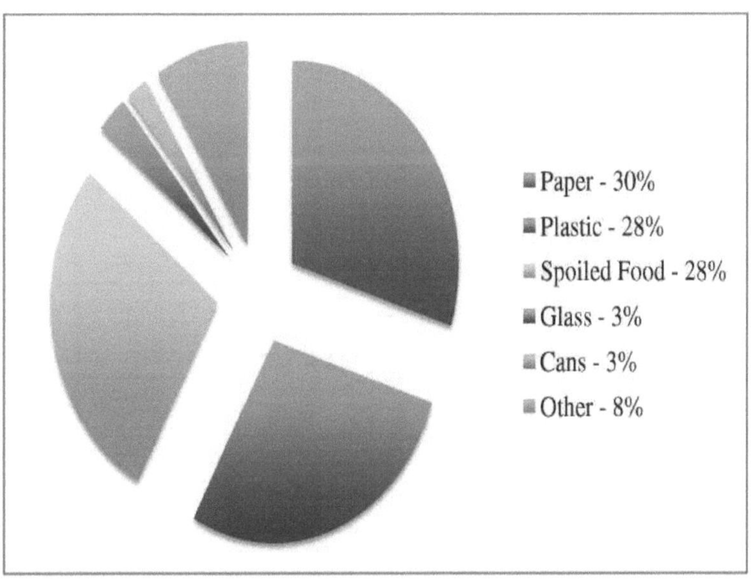

Fonte: Investigador: setembro de 2014

A Figura 3 mostra que apenas 20% dos inquiridos separam os seus resíduos em recicláveis e não recicláveis. Os artigos que são reciclados incluem plástico, vidro, papel e latas, com o plástico no topo da lista, uma vez que é utilizado diariamente. No entanto, 80% dos residentes misturam os seus resíduos. Este facto indica uma falta de sensibilização para os benefícios e a necessidade da reciclagem como parte da gestão de resíduos. Pode também ser uma indicação do baixo nível de educação dos residentes de Cato Crest.

Figura 3 Percentagem de inquiridos que separam os seus resíduos em recicláveis e não recicláveis

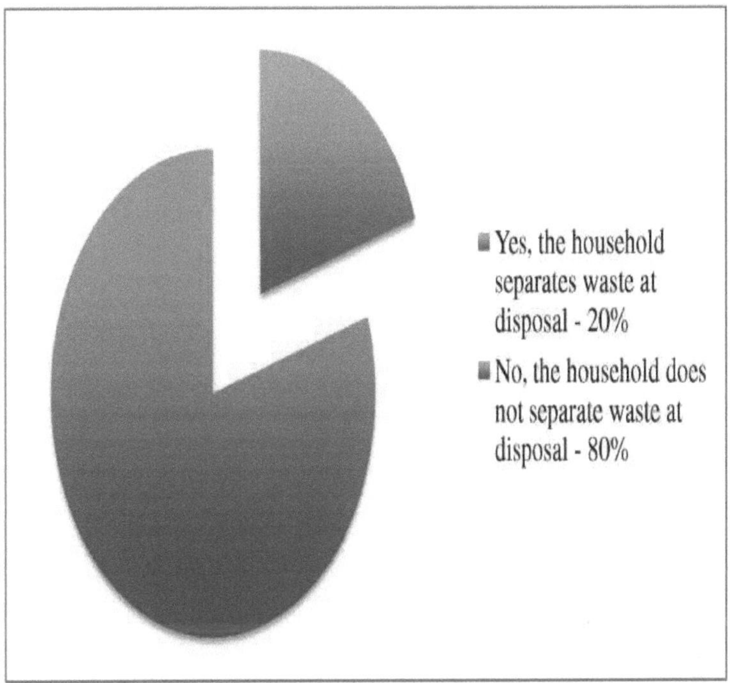

Source: Researcher; 2014

Os dados mostram que os inquiridos utilizam diferentes métodos para eliminar os seus resíduos, sendo que a maioria despeja ou queima os resíduos na berma da estrada. Alguns residentes utilizam o seu "long drop" (casa de banho improvisada) para se desfazerem dos seus resíduos. Outros" refere-se a outros locais perto da casa da pessoa. Os pontos de recolha municipais são utilizados com menos frequência do que o previsto. Isto leva a um volume muito elevado de resíduos nesta povoação, uma vez que a maioria dos residentes não utiliza o ponto de recolha criado pelo município para a eliminação de resíduos.

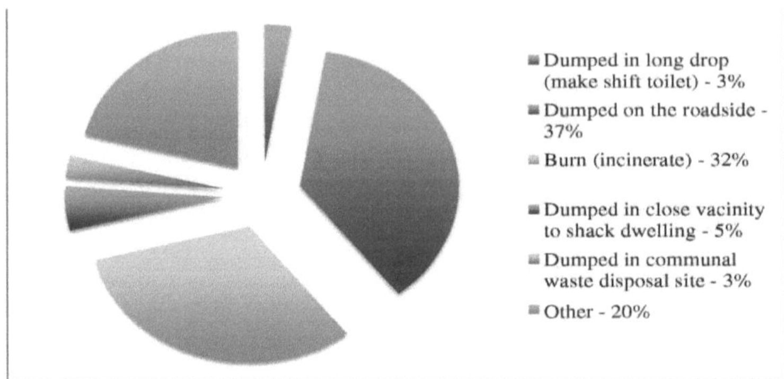

Os inquiridos que eliminaram os seus resíduos queimando-os ou despejando-os na rua disseram que recorreram a estes métodos porque o município não recolhe os resíduos no centro de recolha, o que leva à acumulação nos seus barracos e à sua volta. Outros disseram que a lixeira municipal fica muito longe das suas casas. Isto sugere que o município não disponibiliza pontos de recolha de lixo adequados e facilmente acessíveis.

Por outro lado, pode argumentar-se que os residentes deitam os seus resíduos indiscriminadamente. Quando questionados sobre a razão desta situação, alguns dos entrevistados responderam que querem obrigar o município a recolher os resíduos desta forma.

Figura 5 Razões para os diferentes métodos de eliminação de resíduos

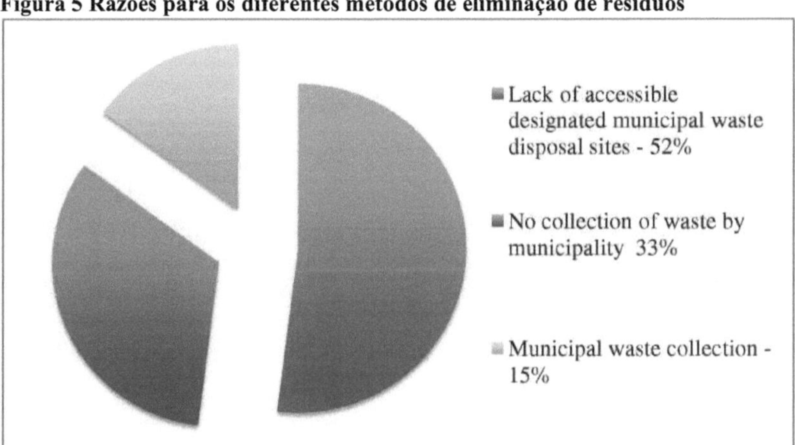

Fonte: Investigador; 2014

Características do aterro com base nas observações efectuadas durante a visita ao local

Existem 12 lixeiras não regulamentadas na área de estudo. Estão normalmente localizadas

perto de lixeiras improvisadas, atrás de cabanas individuais, em áreas abertas dentro da

povoação e em terrenos muito íngremes. Como já foi referido, a maior parte dos resíduos

é depositada num saco de plástico, enquanto alguns resíduos são simplesmente deitados

na lixeira, por exemplo, uma única fralda descartável usada ou restos de comida. Também

acontece frequentemente que os residentes defecam em sacos de plástico e os deitam na

lixeira a céu aberto. Durante as visitas ao local, verificou-se também que os residentes

defecam a céu aberto, especialmente à noite [ver Figura 4].

Figure 3   ilustram algumas das muitas lixeiras não regulamentadas no assentamento informal de Cato Crest.

Figura 3 Vários aterros municipais ilegais e não regulamentados

Fonte: Investigador; 2014

Figure 4   mostram até que ponto as fezes humanas fazem parte do problema da eliminação de resíduos no assentamento informal de Cato Crest.

Figure 5   **Fezes humanas expostas num ponto de entrega longo (1) e improvisado, em mau estado, e num caminho pedonal (2) na colónia informal**

Fonte: Investigador; 2014

Foi encorajador ver que alguns residentes do bairro fizeram um esforço para limpar e manter o seu ambiente imediato. Isto mostra que uma decisão colectiva de não deitar fora os resíduos em locais inadequados pode fazer a diferença [ver Figura 5]. As fotos mostram que alguns moradores do assentamento informal têm orgulho em limpar e manter a área em que vivem.

Figura 5 Ambiente de vida limpo no assentamento informal de Cato Crest

Fonte: Investigador; 2014

Causas e riscos percebidos da crise dos resíduos no assentamento informal de Cato Crest

Foi perguntado aos inquiridos se consideravam que existia um problema com a gestão de resíduos no seu bairro. A maioria concordou que existe um problema. Acrescentaram que os problemas são causados principalmente pelo facto de o município não recolher regularmente os resíduos que produzem. No entanto, alguns observaram que o município não tem conhecimentos sobre a gestão de resíduos e a forma de os tratar corretamente. Outros consideram que o município não faz qualquer esforço para garantir que os resíduos sólidos não sejam eliminados de forma descuidada.

A maioria dos inquiridos afirmou que o município nunca recolhe os resíduos sólidos no assentamento informal de Cato Crest. Alguns acrescentaram que isto se deve ao facto de o governo odiar a povoação porque alguns residentes trabalham na mina de Marikana.

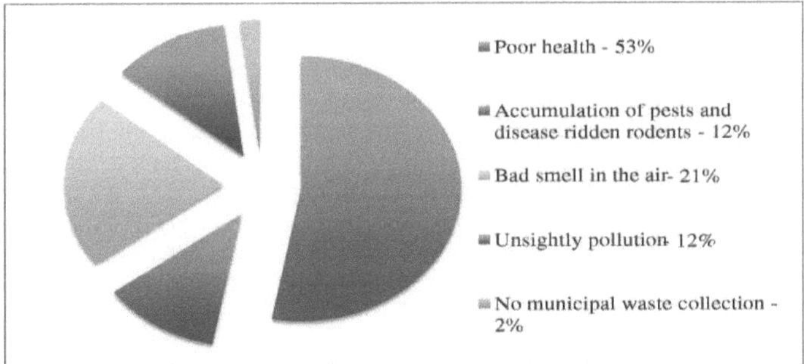

Figura 6 Consequências percebidas da má eliminação de resíduos no assentamento informal

Fonte: Investigador; 2014O gráfico circular mostra as consequências percebidas da má gestão de resíduos na comunidade de Cato Crest. Os inquiridos citaram a poluição, os maus cheiros, a falta de saúde e a acumulação de pragas (como moscas, larvas e pulgas) e roedores infestados de doenças (como ratos e ratazanas).

Figura 7 Efeitos percebidos na saúde como resultado da má eliminação de resíduos no assentamento informal

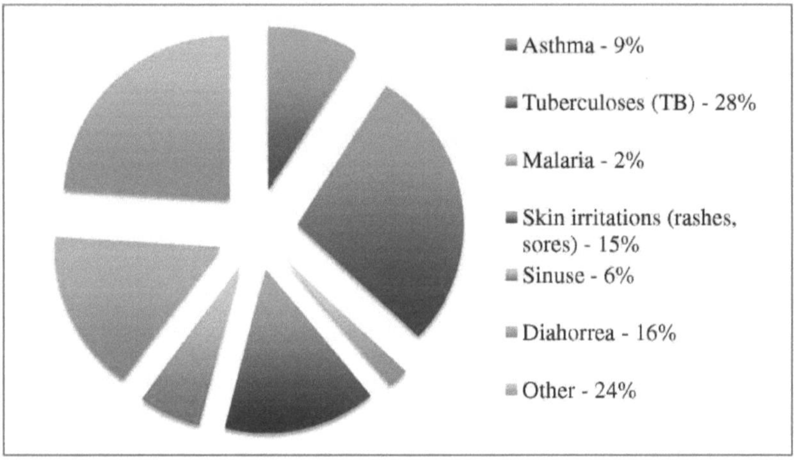

Asthma - 9%

Tuberculoses (TB) - 28%

Malaria - 2%

Skin irritations (rashes, sores) - 15%

Sinuse - 6%

Diahorrea - 16%

Other - 24%

Fonte: Investigador; 2014

Quando questionados sobre o tipo de problemas de saúde causados pela má gestão dos resíduos, os residentes referiram a asma e a tuberculose como as piores consequências, seguidas da malária, irritações da pele, problemas de sinusite e diarreia. Alguns também mencionaram o VIH/SIDA, a gripe e a cólera. Estes resultados indicam um baixo nível de educação nesta comunidade, uma vez que algumas destas doenças, como o VIH/SIDA, a gripe e a asma, não são causadas por uma má gestão dos resíduos. As mulheres inquiridas também manifestaram preocupação com a segurança dos seus filhos quando brincam ao ar livre. As crianças são particularmente vulneráveis, uma vez que são mais susceptíveis a doenças e outras condições causadas pelo ambiente em que vivem, aprendem e brincam.

A figura 6 mostra crianças a brincar em zonas com resíduos sólidos e esgotos expostos (1).
A sua qualidade de vida é prejudicada pelo mau estado do seu ambiente.

Figura 6 Crianças a brincar num ambiente pouco saudável

Fonte: Investigador; 2014

A perceção da população sobre a gestão dos resíduos urbanos: grau de satisfação

Quando questionados se o município faz um bom trabalho de recolha de resíduos sólidos, a maioria dos inquiridos afirmou que o município só é visível quando se aproximam as eleições e, mesmo assim, não faz um trabalho eficaz de recolha de resíduos sólidos. Os que responderam negativamente afirmaram que nunca vêem os resíduos sólidos a serem recolhidos no seu bairro. Acrescentaram que os seus resíduos deveriam ser recolhidos todos os dias. A maioria dos inquiridos não tem caixotes do lixo próprios e deita os seus resíduos aproximadamente de três em três horas. Devido à grande quantidade de resíduos, a recolha diária é considerada necessária.

Foi também perguntado aos inquiridos se consideravam que o município estava a fazer o suficiente para conter os resíduos na zona. Mais de 95% consideraram que não estava a fazer o suficiente. Isto indica que existe um grande problema com a eliminação de resíduos na povoação informal de Cato Crest.

É importante notar que a maioria dos inquiridos manifestou a sua vontade de trabalhar com o município para resolver estes problemas. No entanto, alguns afirmaram que só o fariam se fossem pagos para o efeito. Outros acrescentaram que teriam todo o gosto em colaborar com o município se este disponibilizasse contentores para armazenar e transportar os resíduos para o centro de recolha, atribuísse pontos de deposição e oferecesse serviços de recolha. Alguns foram mesmo ao ponto de dizer que estariam dispostos a educar outros membros da comunidade sobre a eliminação correcta dos resíduos. Isto indica que os residentes de Cato Crest querem viver num ambiente limpo e estão dispostos a fazer a sua parte com o apoio da comunidade.

Por último, foi perguntado aos residentes se estariam dispostos a pagar pela eliminação dos seus resíduos ou se preferiam ser eles próprios a fazê-lo. Cerca de 90% dos inquiridos afirmaram que preferiam ser eles próprios a eliminar os seus resíduos. Isto deve-se ao facto de a maioria deles estar desempregada e depender de subsídios estatais para sobreviver. Este facto ilustra a dimensão da pobreza no aglomerado informal de Cato Crest.

A perceção dos funcionários sobre a gestão de resíduos: semelhanças e diferenças

De acordo com o município, a Amadwala Projects é responsável pela recolha de resíduos em Cato Crest. A empresa é responsável pela recolha de resíduos porta-a-porta, junto ao passeio e no aterro municipal. Em Cato Crest existem zonas de desenvolvimento novo e zonas urbanizadas. Nestas últimas, há novas habitações a preços acessíveis e recolha de resíduos domésticos. Nos projectos de arranha-céus para famílias com baixos rendimentos, os resíduos são recolhidos em aterros municipais designados. Os habitantes da colónia informal podem utilizar qualquer um destes aterros temporários.

O município é responsável pela remoção das lixeiras ilegais, mas não dispõe de recursos suficientes para o fazer regularmente. É também responsável por assegurar que todos os resíduos em Cato Crest sejam recolhidos às segundas-feiras de manhã. No entanto, devido ao constante crescimento da população no assentamento informal de Cato Crest, a recolha semanal de resíduos já não é viável. O supervisor sénior da Durban Solid Waste (DSW) observou que sacos de plástico com resíduos domésticos, incluindo fezes humanas, são depositados no ponto de recolha de resíduos a cada 10-15 minutos. Os montes de lixo estão constantemente a acumular-se na berma da estrada.

Uma média de cinco pessoas vive em cada cabana no assentamento informal de Cato Crest. O lixo doméstico não pode ser armazenado na cabana, especialmente o lixo pessoal, como pensos higiénicos usados e fraldas descartáveis, bem como restos de comida. Como as cabanas estão muito próximas umas das outras, não é possível depositar os resíduos fora da porta de cada cabana. Para manter a vizinhança saudável e limpa, os residentes têm de depositar os seus resíduos noutros locais, o que resulta no seu despejo na berma da estrada e em lixeiras municipais. Embora estas práticas sejam contrárias ao protocolo de gestão sustentável dos resíduos estabelecido pelas autoridades locais, pode argumentar-se que os residentes não têm outra opção. Foi levantada a questão de saber se a disponibilização de mais sacos de lixo pretos do que apenas um por cabana e de contentores móveis ajudaria a reduzir a quantidade de descargas não regulamentadas e a melhorar o aspeto da propriedade.

No passado, a Câmara Municipal disponibilizava "contentores do lixo". Estes grandes contentores metálicos eram utilizados para o armazenamento temporário de resíduos e eram colocados principalmente nas estradas principais das zonas de baixos rendimentos. O município esvaziava os contentores uma vez por semana no aterro sanitário. Como a criminalidade aumentou drasticamente nestas zonas, descobriu-se que os contentores estavam a ser utilizados para se desfazerem dos corpos das vítimas de homicídio. Os contentores de lixo são muito altos e largos, o que torna difícil para uma pessoa normal chegar lá dentro ou ver o fundo. Por isso, os corpos só foram descobertos quando o contentor foi levado para o aterro. Este facto levou a que fossem retirados de circulação. Há também uma tendência comum para mandar as crianças pequenas deitar fora o lixo doméstico. Elas não conseguem alcançar uma altura suficiente para colocar o lixo no caixote e deitam-no no chão. De acordo com o supervisor sénior da DSW, o município não é responsável pela recolha do lixo acumulado à volta do contentor. Este facto tem causado ainda mais problemas, pois o lixo acumula-se na berma da estrada.

Condições insalubres e insalubres no assentamento informal de Cato Crest

Um artigo publicado no *Daily News* de Durban, a 23 de julho de 2014 (Daily News, 2014:2), intitulado "No rubbish collection since election" (Sem recolha de lixo desde as eleições), dá uma imagem clara da dimensão da crise dos resíduos na povoação informal de Cato Crest. Nontando Ngema (20 anos) teme pela saúde do seu filho por nascer. Diz que vive ao lado de um monte de lixo não recolhido e que tem de suportar o forte cheiro dos resíduos (Daily News, 2014:2). Acrescentou que o lixo punha diariamente em perigo a saúde das crianças (Daily News, 2014:2). O artigo salientava que os residentes tinham ameaçado barricar a N3 com pneus a arder se a Câmara não removesse o lixo. A comunidade sentia que a Câmara os estava a negligenciar deliberadamente.

O Movimento dos Habitantes das Choupanas Abahlali baseMjondolo disse ao *Daily News* (2014:2) que a última vez que o município recolheu lixo foi antes das eleições nacionais de maio de 2014. O residente Mzamo Majozini disse que "o município costumava recolher o lixo, mas depois das eleições parou..." Majozini afirmou que muitas vezes tinha de levar os seus filhos à clínica porque ficavam doentes por causa do lixo. Os residentes tinham de passar por enormes montes de lixo para chegarem às suas casas. Acrescentou que os residentes sentiam que as suas vozes tinham sido desperdiçadas porque continuavam a viver na miséria. Majozizi disse ainda que a comunidade gostaria de receber sacos de lixo pretos para manter o seu ambiente limpo. Explicou ainda que a comunidade não estava à procura de esmolas, mas sim de apoio nos seus esforços para melhorar o seu ambiente caracterizado por resíduos inestéticos. A comunidade está cansada de viver uma vida de dificuldades. Esperam que as autoridades locais honrem as suas promessas de prestação de serviços.

De acordo com o *Daily News* (2014:2), o Conselheiro Distrital da área, Mzimuni Ngiba, argumentou que o lixo não foi recolhido porque os residentes não o colocaram no local designado. Argumentou também que era impossível o camião do empreiteiro chegar à lixeira ilegal porque não havia estradas de acesso adequadas à povoação. Os empreiteiros de remoção de resíduos também argumentam que a limpeza de uma lixeira ilegal não faz parte do seu mandato. A Durban Solid Waste recolhe os resíduos domésticos uma vez por semana (normalmente às segundas-feiras de manhã). Os residentes de Cato Crest colocam o seu lixo na estrada principal todos os dias, pelo que o lixo se acumulou. A ameaça de um protesto contra a prestação de serviços mostra que a comunidade de Cato Crest está zangada com o município.

É muito provável que esta comunidade em particular não seja capaz de melhorar as suas práticas de gestão de resíduos por si só. Uma relação positiva com a comunidade é essencial. Ao nível mais básico, o município e a comunidade devem encontrar um terreno comum. Embora os municípios possam ter razão em teoria quando afirmam que a gestão de resíduos deve ser assumida pelas autoridades, não reconhecem que, na prática, é precisamente devido ao fracasso dessas autoridades que surgiram as organizações comunitárias. Até que a comunidade deste aglomerado informal ofereça uma alternativa credível para a gestão dos resíduos, apenas serão prestados os serviços mais essenciais. Os serviços municipais não devem tornar-se um bem de clube disponível apenas para alguns. Com efeito, as iniciativas informais de gestão de resíduos não dispõem sequer dos meios mais elementares para eliminar corretamente os resíduos ou para os transportar para o aterro mais próximo. Este problema não pode ser simplesmente ignorado, mas só pode ser resolvido através do diálogo. Durante os debates, um representante da administração municipal declarou-se disposto a cooperar, desde que os municípios aceitem e cumpram determinadas normas - sobretudo comprometendo-se a depositar os resíduos nas áreas designadas e nos sacos de lixo correctos.

É necessário um certo grau de pragmatismo e otimismo. As iniciativas informais de governação no interior do aglomerado populacional continuarão, sem dúvida, a ser fundamentais para a prestação de determinados serviços vitais - e muitas vezes vitais - num futuro previsível. Essas iniciativas continuarão a servir as suas comunidades nos domínios da saúde pública, da educação, do abastecimento de água, da segurança e em muitos outros domínios. Acreditamos que o mesmo acontecerá com a eliminação de resíduos. No entanto, não há razão para que não se procurem melhorias. Por um lado, os grupos informais devem aproveitar as oportunidades de recuperação e reciclagem para aumentar as suas receitas e assegurar uma maior sustentabilidade. Por outro lado, as autoridades municipais deveriam apoiar mais algumas das suas actividades e estabelecer uma parceria construtiva para resolver as deficiências acima mencionadas. É importante ter em mente que o objetivo final de ambas as partes é melhorar a vida das pessoas em alguns dos aglomerados populacionais mais pobres. A resolução do problema dos resíduos é uma questão urgente e demonstrará se Cato Crest pode garantir a sustentabilidade a longo prazo e condições de vida saudáveis.

Resumo

Neste capítulo, os dados recolhidos foram apresentados e analisados como temas baseados nos objectivos da investigação. A análise mostra que os desafios enfrentados pela gestão de resíduos urbanos são definidos de forma diferente pelos membros da comunidade e pelos funcionários municipais. Este facto não só realça a dimensão do problema, como também representa um desafio adicional no desenvolvimento de soluções viáveis. É evidente que os desafios de implementação são uma expressão de um problema muito maior. Existem diferenças claras na informação recolhida junto dos residentes da colónia informal de Cato Crest e dos funcionários entrevistados. Parece haver uma tendência para transferir a culpa pelas causas e efeitos dos problemas de gestão dos resíduos sólidos na zona. Os residentes continuam a viver com e sobre os seus resíduos, e os esforços do município para tornar a colónia informal um local limpo e habitável falharam.

CAPÍTULO 6: CONCLUSÕES E RECOMENDAÇÕES

Conclusões

Este estudo de investigação tinha como objetivo avaliar uma série de questões relacionadas com a eficácia da gestão dos resíduos sólidos urbanos em aglomerados informais e explorar alternativas sustentáveis que pudessem melhorar o nível de vida nestas áreas.

Em Cato Crest, a redução sustentável dos resíduos falhou devido à falta de empenhamento por parte das partes interessadas. O governo local tem um papel fundamental a desempenhar neste domínio. O município poderia não só ajudar na remoção e gestão dos resíduos sólidos na povoação, mas também tomar medidas para preservar o ambiente através da conservação comunitária. Partilhar a responsabilidade aliviaria o fardo do município e também contrariaria a apatia e o desânimo dos residentes.

O estudo identificou uma série de problemas que tiveram um impacto negativo na gestão dos resíduos. Estes incluem a falta de aterros autorizados e de sacos de lixo pretos para guardar temporariamente os resíduos, bem como a longa caminhada até à estrada principal onde os resíduos são regularmente recolhidos. As descargas ilegais e não controladas e a deposição de lixo são um problema constante que continuará a agravar-se se a comunidade e a Câmara Municipal não trabalharem em conjunto. Os desafios citados pelos funcionários municipais incluem o terreno difícil e as estradas sinuosas e estreitas e as passagens entre as casas dentro da propriedade congestionada, que restringem o acesso à eliminação de resíduos, muitos dos quais estão localizados no coração da propriedade.

No aglomerado informal de Cato Crest, o desemprego e a pobreza daí resultante têm impedido o progresso de um saneamento eficaz. Os residentes não podem pagar os serviços municipais, pelo que dependem de serviços subsidiados. Sendo uma comunidade pobre, Cato Crest é vítima de negligência, o que se traduz em serviços básicos limitados. No entanto, a comunidade espera que o município ofereça a mesma qualidade de serviços que nas zonas oficiais de Cato Crest. Por outro lado, seria difícil cobrar taxas de recolha de lixo aos residentes destas zonas densamente povoadas, se o governo local o fizesse. Os residentes não estão registados, não têm títulos de propriedade e, na sua maioria, não têm endereços para onde possam ser enviadas as facturas.

Os resultados deste estudo sugerem que a gestão dos resíduos urbanos deve ser reforçada se se pretender transformar os aglomerados informais em aglomerados humanos sustentáveis. Se as autoridades locais não conseguirem proporcionar um acesso adequado e sustentável aos serviços de gestão de resíduos, o objetivo de criar meios de subsistência sustentáveis não será atingido. Os esforços actuais neste domínio não contribuem para melhorar as condições de vida nos aglomerados informais.

Recomendações

Os resultados do estudo poderiam servir de base para melhorias em Cato Crest e noutros aglomerados informais com problemas semelhantes de gestão de resíduos. Há uma necessidade urgente de investigação sobre planos de ação específicos ao contexto (incluindo instalações e estratégias adequadas) para a gestão de resíduos em aglomerados informais na África do Sul. As recomendações que se seguem, embora não sejam exaustivas, representam uma abordagem coordenada, integrada, holística e inovadora da gestão de resíduos em aglomerados informais. Baseiam-se nos resultados da investigação, observações, discussões e revisão da literatura.

Tendo em conta a elevada densidade habitacional, que dificulta o bom funcionamento da recolha de resíduos no aglomerado informal de Cato Crest, o município deveria criar pontos de recolha de resíduos mais centralizados. Os residentes desempregados poderiam ser contratados para limpar as lixeiras e levar o lixo para estes pontos de recolha. Os carrinhos de mão podem ser facilmente deslocados entre as casas e podem apanhar uma quantidade considerável de lixo. Isto permitiria à população participar na eliminação de resíduos na sua localidade e criar emprego. Isto, por sua vez, poderia incutir um sentido de responsabilidade pelo ambiente. Reduziria a forte dependência do município para prover à comunidade.

É igualmente necessário que todos os intervenientes direta ou indiretamente responsáveis pela gestão dos resíduos repensem a questão. A gestão de resíduos deve ser uma responsabilidade colectiva com objectivos comuns.

A comunidade beneficiaria de chegar ao seu eleitorado através de consultas públicas mais frequentes sobre questões que afectam a prestação de serviços de gestão de resíduos sólidos no assentamento informal de Cato Crest. A tomada de decisões colectivas é sinónimo de prestação eficiente de serviços. Deve ser dada à comunidade uma plataforma para expressar as suas necessidades e disponibilidade para pagar, e as suas várias sugestões devem ser incorporadas num plano de ação para resolver o problema da gestão de resíduos em Cato Crest a longo prazo. Uma vez que apenas 40 residentes foram inquiridos para este estudo, recomenda-se que o município envolva toda a comunidade numa futura abordagem participativa. A conceção, localização e gestão dos pontos de recolha de resíduos deve ser feita em consulta com a comunidade.

O estudo concluiu que a maioria dos residentes não pode pagar a recolha de resíduos e não está disposta a pagar por ela. Isto é obviamente um problema para o município, uma vez que o seu orçamento determina o âmbito das suas actividades. Seria benéfico que o município se reunisse com os residentes para explicar as implicações financeiras da eliminação de resíduos. A informação pode derrubar os muros da incompreensão.

O município é convidado a instalar contentores de lixo maiores e de fácil acesso no bairro e não apenas na berma da estrada. Esta ação deve ser complementada por campanhas de informação e educação sobre a melhor forma de utilizar as instalações. Através de campanhas educativas sobre a eliminação de resíduos, os membros da comunidade poderiam aprender por que razão é importante eliminar os resíduos de forma responsável, mesmo que não haja recompensa financeira. A comunidade em geral precisa de ser informada sobre os riscos para a saúde a que se expõe ao manusear os resíduos de forma incorrecta. Isto pode revelar-se inestimável, especialmente para os membros da comunidade que são analfabetos.

Por último, foi prevista a criação de um centro de retoma nas imediações da propriedade. Este centro de reciclagem recolherá garrafas, papel, latas, plásticos e afins. A reciclagem gerará uma pequena quantia de dinheiro para cobrir as despesas imediatas, melhorando a vida dos pobres, que estão sobre-representados em Cato Crest, a curto prazo.

REFERÊNCIAS

1. Assembleia Parlamentar Paritária ACP-CE. (2014). **Nota da Maurícia sobre os desafios da urbanização, gestão de resíduos e desenvolvimento.** 12-14 de fevereiro de 2014, consultado em 30.08.2014, de
2. Frith, A. **Censo 2011** (2011). Visualizado em: 25/08/2014, por
3. Irvine, P. M. (2012). **"Integração racial pós-apartheid em Grahamstown: uma perspetiva tempo-geográfica".** Dissertação de mestrado. Grahamstown: Universidade de Rhodes.
4. Alexander, P. (2010). **Rebellion of the poor: South Africa's service delivery protests - a preliminary analysis.** Revista de Economia Política Africana 37(123): 25-40.
5. McLennan, A. (2012). **A promessa, a prática e a política: Melhorar a prestação de serviços na África do Sul.** Visualizado em: 22/08/2014, por
6. Ozler, B. (2007). **Not Separate, Not Equal: Poverty and Inequality in Post ◻Apartheid South Africa [Não separado, não igual: pobreza e desigualdade na África do Sul pós-apartheid].** Economic Development and Cultural Change 55(3): 487-529.
7. PNUD. (2009). **Relatório de Desenvolvimento Humano 2009,** Nova Iorque: Palgrave Macmillan.
8. Miraftab, F. (2004). **Neoliberalism and casualisation of public sector services: the case of garbage collection in Cape Town, South Africa.** Jornal Internacional de Investigação Urbana e Regional 28(4): 874-892.
9. Maylam, P. (1995). **Explicando a cidade do apartheid: 20 anos de historiografia urbana sul-africana.** Journal of Southern African Studies 21(1): 19-38.
10. Agbola, T. (1993). **Environmental education in the Nigerian school (Educação ambiental na escola nigeriana).** In: Filho W.L. (ed) Environmental Education in the Commonwealth, the Commonwealth of learning, Vancouver.
11. Adeniyi, S. Aremu, A. Sule, B. Downs, J. e Mihelcic, J. (2012). **Framework to Determine the Optimal Location and Number of Municipal Solid waste Bins in a Developing World Urban Neighbourhood.** Jornal de Engenharia Ambiental 138(6): 645-653.
12. Ahmed, R. (1999). **Promover a motivação e a participação da comunidade na gestão dos resíduos sólidos.** SANDEC News (4): 2.
13. Ahmed, S. A. e Ali, M. (2004). **Partnerships for Solid Waste Management in Developing Countries (Parcerias para a gestão de resíduos sólidos nos países em desenvolvimento): Linking Theories to Realities. Water and Sanitation Programme-South Asia, Bangladesh. Instituto de Engenharia de Desenvolvimento, Centro de Água, Engenharia e Desenvolvimento (WEDC),** Universidade de Loughborough, Loughborough, Leicestershire LE11 3TU, Reino Unido.
14. Ahmed, S. e Ali, S. (2006). **People as partners: facilitating community participation in public-private partnerships for solid waste management (As pessoas como parceiros: facilitando a participação da comunidade em parcerias público-privadas para a gestão de resíduos sólidos).** Habitat International 30(4): 781-796.
15. Ali, M. Coad, A. e Cotton, A. (1996). **Education in Municipal and Informal**

Systems of Solid Waste Management (**Educação em sistemas municipais e informais de gestão de resíduos sólidos**). Publicações IT. Londres.

16. Anderson, M. L. e Taylor, H. F. (2009). **Sociology: The Essentials**. Belmont, CA: Thomson Wadsworth.

17. Antwi E. (2008). **Ver a casa a partir do ambiente: Environmental aspects of informal/slum settlement in Accra, Ghana**. Environmental Management 6(3): 145-151.

18. Ashalakshmi, K, S. e Arunachalam, P. (2010). **Gestão de resíduos sólidos: um estudo de caso de Arppukara Grama Panchayat do distrito de Kottayam, Kerala (Índia)**. Journal of Global Business 6 (1) janeiro-fevereiro de 2010.

19. Baross, P. e Van der Linden, J. (1990). **The Transformation of Land Supply Systems in Third World Cities**. Avebury: Aldershot.

20. Bartone, C. e Bernstein, J. (1993). Melhoria **da gestão dos resíduos sólidos urbanos nos países do terceiro mundo.** Resources, Conservation and Recycling 8: 43.

21. Bechhofer, F. e Paterson, L. (2000). **Principles of Research in the Social Sciences**. Londres: Routledge.

22. Bernard Dafflon, B. e Daguet, S. (2012). **Taxas de utilização ambiental local na Suíça: implementação e desempenho**. Euro Economica 5(31)/2012, Departamento de Economia, Universidade de Friburgo, Suíça

23. Brunner, P. e Fellner, J. (2007). **Priorização das estratégias de gestão de resíduos nos países em desenvolvimento**. Waste Management & Research 25(1): 234-240.

24. Cele, B. P. (2010) **An assessment of people's perceptions on the sustainability of Cato Manor's local economic development initiatives in post-apartheid South Africa**. Tese de mestrado não publicada, Durban.

25. Associação de Cidades. (2006). **Cidades sem bairros de lata**. Obtido em 19 de outubro de 2014, de citiesaUiance.org/.../citiesalliance.../guidelines-secure-tenure-slums%5B1%5D.pdf

26. Collins, J. (2001). **Urbanização**. Obtido em 15 de outubro de 2014, de

27. Dafflon, B. (1998). **La Gestion des Finances Publiques Locales**. Paris: Economica.

28. Dane, F. C. (1990). **Métodos de investigação**. Universidade de Mercer. California Brooks/Cole.

29. Departamento de Assuntos Ambientais (DEA). (2011). **Estratégia nacional para a gestão de resíduos**. Recuperado em 11/10/2014, de.

30. Drakakis-Smith, D. (1981). **Housing and the Urban Development Process**. Croom Helm, Londres.

31. EduGreen. (2014). **Explore Resíduos sólidos e saúde**. Recuperado em 15/08/2014, de

32. Freduah, G. (2004). **Problemas de gestão de resíduos sólidos em Nima, Accra**. Universidade do Gana, Legon. Visto em 13/03/2014, por

33. Furedy, C. (1992). **Garbage: exploring non-conventional options in Asian cities (Lixo: explorando opções não convencionais em cidades asiáticas)**. Ambiente e Urbanização 4 (2): 42.

34. Galloway. K. (1997). **Métodos de amostragem**. Visto em 19 de outubro de 2014, por

35. Gilbert, A. (2007). **O regresso do bairro de lata: a língua é importante?** Revista

Internacional de Investigação Urbana e Regional 31 (3): 9.

36. Given, L. M. (ed.), (2008). **The Sage Encyclopedia of Qualitative Research Methods**. Sage: Thousand Oaks, CA, Vol. 2, pp. 697-698.

37. Gunton T.I., Day J.C. e Williams P.W. (2003). **Planeamento cooperativo e gestão sustentável dos recursos: a experiência norte-americana**. Environments: Journal of Interdisciplinary Studies Revue d'etudes Interdisciplinaires 31(2).

38. Habermas G., **Theory of Communicative Action, trans**. Thomas McCarthy, Boston: Beacon Press, 1984, p. 86

39. Hanke, S. H. (2013). **The Economics of Canadian Municipal Water Supply: Aplicando o Princípio do Pagamento pelo Utilizador** (Capítulo 12). C.A. Kent (ed.). Entrepreneurship and the Privatising of Government. Nova Iorque: Quorum Books, 1987. disponível em SSRN: [acedido em 14 de setembro de 2014]

40. Habitação HAP. (2014). **Más condições de vida: O que se pode fazer**. Recuperado em 07/10/2013, de

41. Hardoy, J. E., Mitlin, D. e Satterthwaite, D. (2001). **Environmental Problems in an Urbanising World: Finding Solutions for Cities in Africa, Asia and Latin America (Problemas Ambientais num Mundo em Urbanização: Encontrar Soluções para Cidades em África, Ásia e América Latina)**. Londres: Earthscan Publications.

42. Harris, R. (2001). **Uma dupla ironia: A originalidade e a influência de John F.C. Turner**. Habitat International 27: 245-269.

43. Henry, R. Yongsheng, Z. e Jun, D. (2006). **Desafios da gestão dos resíduos sólidos urbanos nos países em desenvolvimento - estudo de caso do Quénia**. Solid Waste Management 26(1): 92-100.

44. Ikamvayouth. (2010). **Estruturas Comunitárias**. Visto em 28 de maio de 2014, por

45. ISARUS Market Research. (2012). **Instrumentos de investigação / Qualitativos**. Visualizado em 28 de maio de 2014, por.

46. Karley, N. A. (1993) **Solid Waste and Pollution**. People's Daily Graphic, 9 de outubro de 1993, p. 5.

47. Keivani, R. e Werna, E. (2001). **Modes of Housing Provision in Developing Countries (Modos de Provisão de Habitação nos Países em Desenvolvimento)**. Progress in Planning 55(2): 65-118.

48. Leclerc-Madlala, S. (2004) **Percepções e práticas relevantes para a transmissão da peste, leptospirose e toxoplasmose**. Relatório do Instituto de Recursos Naturais, Universidade de Greenwich, Reino Unido.

49. Leclerc-Madlala, S. e Jonowski, M. (2004). **Percepções e práticas relacionadas com a transmissão da peste, leptospirose e toxoplasmose: Cato Crest Durban, África do Sul**. O Projeto Ratzooman. Estudo antropológico social 2. Relatório NRI: b2781. Visualizado em 28/05/2014, por

50. Revisão dos orçamentos e despesas das autarquias locais. (2011). Capítulo 11: **Serviços de resíduos sólidos**. Recuperado em 28/05/2014, de

51. Makhatini, M. (1994). **Squatting as a process: the case of Cato Manor**. Documento apresentado no Workshop de História na Universidade de Durban-Westville, 13-15 de julho de 1994. Instituto de Investigação Social e Económica. Recuperado em 15/10/2014, de

52. Malinga. S. S. (2000). **The Development of Informal Settlements in South**

Africa, with Particular Reference to Informal Settlements around Daveyton on the East
Rand, 1970-1999**. Doutoramento em Literatura e Filosofia Estudos Históricos. Faculdade de Letras. Universidade Rand Afrikaans

53. Malombe J. M. (1993). **Saneamento e gestão de resíduos sólidos em Malinda, Quénia**. 19th Pré-impressões da conferência sobre água, saneamento, ambiente e desenvolvimento, Gana.
54. Maylam, P. (1983). **The black belt: African squatters in Durban 1935-50**, Canadian Journal of African Studies 17(9).
55. Meyer, W. P. (1993). **Participação da comunidade na recolha de resíduos sólidos urbanos em duas cidades da África Ocidental - resultados de uma missão**. IRCWD News (27): 11.
56. Comunidade local de Mogale. (n.d.). **Política de gestão dos necessitados**. Anexo 15. recuperado em 11/10/2014, de
57. Motladi, S. M. (1995). **An assessment of informal urban land supply mechanisms: a case study of Cato Crest**. Tese de mestrado não publicada, Durban.
58. Mouton, J. (1996). **Understanding Social Research (Compreender a Investigação Social)**. Pretória: Van Schaik Publishers
59. Mphathi, N. (2014). **'Sem coleta de lixo desde a eleição'**. Daily News. Visto em 12 de agosto de 2014, por http://www.iol.co.za/dailynews/news/no-rubbish- collection-since-the-election-in-cato-crest-1.1724119#.VDrpTUsxHFK
60. Nkwi, P., Nyamongo, I. e Ryan, G. (2001). **Investigação de campo sobre questões sociais: Directrizes metodológicas**. UNESCO: Washington, DC.
61. Poerbo, H. (1991). **Gestão de resíduos urbanos em Bandung: Towards an integrated resource recovery system**. Ambiente e Urbanização 3(1): 60-69.
62. Pacey, A. (1990). **Hygiene and Literacy**, em Kerr, C (ed), Community Health and Sanitation, Intermediate Technology Publications, Nigéria.
63. Patel, S.K. e R.C. Talat. (1996). **Economic Growth Urbanisation and Environment; Delhi**; Day a Publishing House.
64. Patel, K. (2009). **Land Tenure and Vulnerability: the social consequences of the in situ upgrade of informal settlements, a South African case study**. Documento da conferência, U21 Graduate Conference on Sustainable Cities, Universidade de Melbourne/Universidade de Queensland, 20 de novembro a 5 de dezembro de 2009.
65. Popke, J. (1997). **Violence and Memory in the Reconstruction of South Africa's Cato Manor [Violência e Memória na Reconstrução da Mansão Cato da África do Sul]**. Greenville: East Carolina University.
66. Pugh, C. (1991). **Housing Policies and the Role of the World Bank**, Habitat International 15(1/2): 275-298.
67. Reja, U. Manfreda, K.L. Hlebec, V. e Vehovar, V. (2003). **Perguntas abertas vs. fechadas em questionários Web**. Developments in Applied Metodoloski zvezki, 19, Ljubljana: FDV Statistics. Obtido em 28 de maio de 2014, de
68. República Sul-Africana. (1996). **A Constituição [N.º 108 de 1996]**: constitution/1996/a108-96.pdf
69. Songsore, J. (1970). **Review of Household and Environmental Problems in Accra Metropolitan Area, Accra.**
70. Rede de Cidades da África do Sul. (2014). **Um caso para a gestão de resíduos

sólidos urbanos. Em **Analysing Cities Financial Implication of Transitioning to a Economia verde**. Programa SACN. Documento Final de Discussão sobre Cidades Sustentáveis. agosto de 2014, Joburg Metro Building, P O Box 32160, Braamfontein, 2017

71. Coletivo Espacial. (2014). **Repensando a gestão de resíduos nos assentamentos informais de Nairobi**. Recuperado em 11/10/2014, de
72. Squires, C. O. (2006). **Participação pública na gestão de resíduos sólidos em pequenos Estados insulares em desenvolvimento**. Recuperado em 10 de outubro de 2014, de
73. Taboada-Gonzalez, P., Armijo-de-Vega, C., Quetzalli A., Aguilar-Virgenand, T. e Ojeda-Benftez, S. (2001). **Características e gestão dos resíduos domésticos em comunidades rurais**. The Open Waste Management Journal.
74. Diário da República. (2000). **Lei sobre a administração local**. Lei n.º 32, 2000. recuperado em 8/10/2014, de
75. Diário da República. (2008). **Lei Nacional de Gestão Ambiental**. Lei n.º 59, 2008. Obtido em 8.10.2014, de The National Upgrading Support Programme (NUSP). (2014). **Parte 1 - Entendendo seus assentamentos informais**. Recuperado em 10/10/2014, de
76. Thompson-Smeddle, L. (2001). **Gestão de resíduos sólidos**. Instituto para a Sustentabilidade. Manual da Cidade do Cabo para uma vida inteligente. Capítulo 5. visualizado em 10/10/2014, por
77. Turner, J. F. C. (1972b). **Habitar como um verbo**. Em: John F. C. Turner, & R. Fichter (Eds.), Freedom To Build, Pp. 148-175. Nova Iorque: Macmillan
78. Programa das Nações Unidas para os Assentamentos Humanos (UNHSP). (2012). **Estado das cidades do mundo 2012/2013: Prosperidade das cidades**. Recuperado em 23.05.2014, de
79. Banco Mundial. (1973.) **Housing. Enabling Markets To Work**. Washington, Dc: Banco Mundial.
80. Organização Mundial de Saúde (OMS). (2014). **Fechar o fosso numa geração - Como?** Recuperado em 07.10.2014, de
81. Zainal, Z. (2007). **O estudo de caso como método de investigação**. Faculdade de Gestão e Desenvolvimento de Recursos Humanos da Universiti Teknologi Malaysi

Índice

Printed by Books on Demand GmbH, Norderstedt / Germany